新师范化学教育系列教材
广东省一流本科课程"化学教学论"配套教材
华南师范大学研究生教材出版项目资助教材

化学教育研究方法

Research Methodology in Chemistry Education

邓峰 著

U0258417

化学工业出版社

·北京·

内 容 简 介

《化学教育研究方法》吸收国内外教育研究方法的优秀成果，结合笔者近年的研究内容，系统并有针对性地介绍化学教育研究方法。全书包括"范式-方法论"与"方法-技术"两部分，共 14 章。其中，"范式-方法论"部分系统梳理了定量研究、定性研究和混合研究三大化学教育研究范式或方法论；"方法-技术"部分则基于三大范式，阐释并举例说明个案法、观察法、访谈法、问卷法、量表法、实验法、行动研究法、扎根理论法、内容分析法、解释结构模型法与元分析法共 11 种具体的研究方法或技术。每章均安排本章导读、内涵概述、适用范围、实施策略、案例解读、优势局限、要点总结、问题任务和拓展阅读等栏目，以便读者在阅读、练习、实践及反思的过程中更清晰地把握重点和进行自我检测。

本书可以作为高等学校学科教学（化学）专业研究生、课程与教学论（化学）专业研究生、化学（师范）专业本科生的教材或教学参考书，也可以作为一线化学教师、教研员的参考用书。

图书在版编目（CIP）数据

化学教育研究方法/邓峰著. —北京：化学工业
出版社，2023.12（2025.5重印）
ISBN 978-7-122-44136-2

Ⅰ. ①化⋯ Ⅱ. ①邓⋯ Ⅲ. ①化学教学-教学研究-
研究方法-高等学校 Ⅳ. ①O6-42

中国国家版本馆 CIP 数据核字（2023）第 168691 号

责任编辑：陶艳玲	文字编辑：李婷婷　杨振美
责任校对：宋　夏	装帧设计：史利平

出版发行：化学工业出版社（北京市东城区青年湖南街 13 号　邮政编码 100011）
印　　装：北京天宇星印刷厂
787mm×1092mm　1/16　印张 12　字数 273 千字　2025 年 5 月北京第 1 版第 3 次印刷

购书咨询：010-64518888　　　　　　　　售后服务：010-64518899
网　　址：http://www.cip.com.cn
凡购买本书，如有缺损质量问题，本社销售中心负责调换。

定　　价：59.00 元　　　　　　　　　　　　　　　版权所有　违者必究

为了保证卓越化学教师的培养质量，华南师范大学化学学院瞄准基础化学教育对研究型化学教师的需求，面向学科教学（化学）专业和课程与教学论（化学）专业的硕士研究生开设基础必修课程"教育研究方法"，以提升化学教育硕士研究生的化学教研能力。笔者在多年课程教学实践与硕士论文指导或评审工作中发现，研究生在化学教育研究方法的理解与使用上常存在不少误区或困难，主要表现包括：对化学教育研究范式或方法论背后的哲学假设缺乏本质认识，对具体研究方法的特点与操作步骤了解不足，尤其是对研究方法的适用范围与局限性理解不深而导致盲目夸大所获得的研究结论等。

上述这些误区和困难可能与目前国内化学教育研究方法类的教材较少有关。目前国内已出版众多与教育研究方法相关的研究生教材，但能结合化学教育研究领域具体特点，尤其能系统介绍研究范式（即方法论）、梳理方法之间的联系、完整展示案例流程的教材相对较少。因此，笔者基于在国外读博期间的学习体会，并结合多年课程教学和论文指导过程中的思考，致力于撰写一本涵盖研究范式、方法联系和完整案例的化学教育研究方法的教材，以帮助研究生掌握并合理应用化学教育研究方法，从而提高其化学教研能力。

承蒙华南师范大学研究生院与专家认可，本书有幸被纳入"华南师范大学研究生教材出版项目"。为确保教材的质量与特色，笔者在撰写本书过程中注重方法论层面的理论高度，同时重视在方法层面的可操作性，即力求做到理论性和工具性的兼收并蓄。为此，本书涵盖"范式-方法论"与"方法-技术"两部分，共 14 章（见下图）。其中，"范式-方法论"部分从哲学假设到实施步骤，系统地梳理与对比国内外化学教育研究的三大范式或方法论，即定量研究、定性研究与混合研究。"方法-技术"部分则以三大范式为基础，阐释每种方法的具体内涵、适用范围、实施策略以及局限性等，并结合笔者团队近年的研究成果及其他团队研究者的部分成果，介绍化学教育领域常用的 11 种研究方法。其中，个案法、观察法和访谈法主要用于小样本研究，三者为并列关系（具体见第 4 章~ 第 6 章）；问卷法和量表法则适用于更大样本研究；实验法和行动研究法则在上述方法的基础上增加教学干预，二者不同之处在于行动研究法有多轮实施过程，实验法并不强调轮次；此外，扎根理论法、内容分析法、解释结构模型法和元分析法则体现了从定性到定量数据分析方法的过渡，前三者均以话语或文本为分析对象对信息进行一次加工，而元分析法则以文献作为分析对象进行"荟萃"，实现二次加工。值得一提的是，解释结构模型法和元分析法在其他化学教育研究方法类教材中较为少见，故属于本书的另一特色。

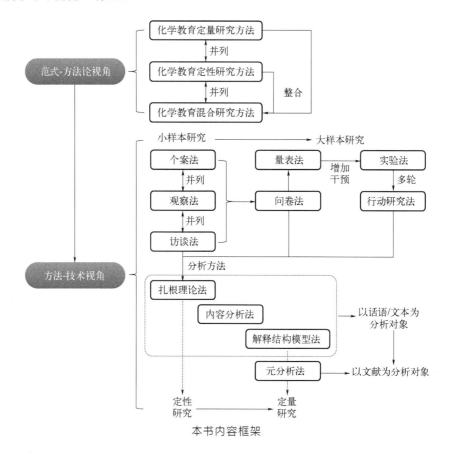

本书内容框架

本书在设计上具有如下特点。

（1）梳理研究范式，理解有深度。本书梳理了定性研究、定量研究及混合研究范式背后的哲学假设及主要特征，帮助读者从哲学立场上深入理解研究范式的内涵，便于后续研究方法的正确理解与科学实施。

（2）立足化学教育，领域有专属。本书专注于化学教育研究领域常用的研究方法，系统阐述各方法的原理，并用化学教育研究领域的新案例指导读者实践。

（3）配备思维导图，方法有逻辑。本书利用章节间思维导图及章节内概念图将不同的化学教育研究方法整合呈现，简明清晰地让读者了解各方法之间的逻辑关系以及方法本身的内涵特点。

（4）提供翔实案例，实践有指南。本书对每一种范式和方法均提供了对应的真实化学教育研究案例。这些案例流程完整，不仅介绍方法相关的内容，还向读者还原研究背景、研究设计、实施步骤、数据分析和结论建议，为读者提供详细的实践指南。

（5）设置学习栏目，自学有指引。全书每章均安排本章导读、内涵概述、适用范围、实施策略、案例解读、优势局限、要点总结、问题任务和拓展阅读等栏目，以便读者在阅读、练习、实践、反思的过程中清晰地把握重点和进行自我检测。

本书为以下项目的阶段性成果：

广东省研究生教育创新计划项目（2022）；

广东省一流本科课程《化学教学论》建设项目（2022）；

华南师范大学研究生课程思政示范课程《教育研究方法》建设项目（2021）；

华南师范大学质量工程建设项目（2022）。

本教材后期也将不断吸收课程建设成果，逐步完善提升。

本书从开篇到定稿，得到了许多良师益友的指导与帮助，在此表示感谢。特别感谢华南师范大学研究生院安宁与吕翠婷、化学学院曾卓与石光对本书撰写和出版工作给予的鼎力支持。感谢笔者的教学研究团队中朱峻灏、陈泳蓉、刘丽珍、沈熳霞、姚清玉、洪林丰、李达、吴宇豪共同完成全书的校核工作，感谢李妃、刘秋怡、石子欣、张丽凡、周紫薇、陈圳、梁正誉、杨维震完成参考文献整理及全书的美化工作，感谢蓝宛榕和窦炳新收集相关文献。

诚然，有关化学教育研究方法的探索永无止境，笔者仍需向国内同行虚心学习，并与国外研究方法论接轨。由于笔者水平和时间有限，书中难免存在疏漏或不足之处，敬请广大读者不吝赐教。

邓峰

2023 年 8 月于华南师范大学楠园

目 录

第6章　访谈法

第7章　问卷法

第8章　量表法

第9章 // 实验法

第10章 // 行动研究法

第11章 // 扎根理论法

第12章　内容分析法

第13章　解释结构模型法

第14章　元分析法

第1章

化学教育定量研究方法

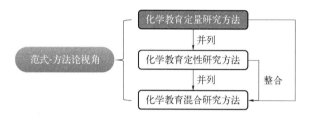

【课程思政】一种科学只有在成功地运用数学时，才算达到真正完善的地步。——马克思

 本章导读

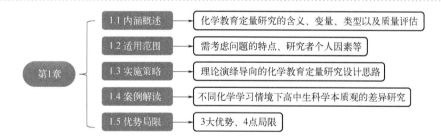

通过本章学习，你应该能够做到：

- 简述化学教育定量研究的含义
- 列举并解释化学教育定量研究所涉及的不同变量类型
- 区分实验型与非实验型化学教育定量研究
- 列举并区分化学教育研究不同类型的信度与效度
- 辨识化学教育定量研究的适用范围
- 简述化学教育定量研究的实施策略
- 简述化学教育定量研究的优势与局限性
- 根据理论演绎思路初步设计化学教育定量研究

1.1 内涵概述

作为研究范式 (research paradigm) 的一种, 定量研究 (quantitative research) 一般指研究者基于后实证主义 (post-positivism) 来建构知识 (包括因果关系的建立、测量和观察的运用以及理论模型或假设的检验等), 使用调查或实验等策略收集并分析数值型数据 (numerical data) 的研究类型 (Christensen 等, 2009)。"后实证主义"一词在思想上源于"实证主义" (positivism), 但在知识或真理的绝对性上与后者有不同的解读, 如前者认为当研究人类的行为或行动时, 研究者的知识观是无法被"实证"的 (Phillips et al., 2000), 即研究者只能假定已经掌握了有关什么是"确证为真的信念"。这种哲学立场通常被称为"科学化方法""定量研究""后实证研究"等。后实证主义主张世界为规律或理论支配, 相应地, 研究者需要去查证、核实或提炼这些规律或理论以更好地认识世界。因此, 受后实证主义影响, 定量研究一般始于某个理论, 研究者则通过收集与分析数据以支持或拒绝该理论, 然后在进行另外的实验前对该理论进行必要的修正或完善。

另外, 顾名思义, 定量研究主张从"量"的角度分析事物或现象, 强调对所收集的数值型数据进行统计分析与解释, 致力于揭示变量及其关系"有多紧密"或差异"有多大"的问题。这里所说的"数值型数据"指由数字 (或数值) 组成的数据 (如考试分数、问卷得分等); 与其相对的"非数值型数据"则指话语、图片、书面记录或档案等。此外, 也有学者将定量研究定义为"运用变量、假设、分析和因果解释而进行的研究"(陆益龙, 2022)。

化学教育研究是指运用科学研究的方法探索化学教育领域 (包括化学课程标准与教科书、化学课堂教学、化学学习心理、化学教师教育、化学考试评价等) 的现象本质或规律以及教育教学问题解决的过程。根据研究目的或研究问题的不同, 尤其是研究所基于的哲学假设的不同, 可将化学教育研究分为化学教育定量研究、化学教育定性研究 (详见本书第 2 章) 以及化学教育混合研究 (详见本书第 3 章) 3 种。

1.1.1 化学教育定量研究的含义

化学教育定量研究可理解为化学教育研究者基于后实证主义知识观, 遵循"自上而下"(top-down) 的验证性科学方法 (如将重点放在对假设或理论的检验), 在研究中通过收集数值型数据以回答"是否"或"有无"等具有二元论特点研究问题的研究范式或方法论 (methodology)。化学教育定量研究主张在客观性的假设下开展研究, 即假设有一种待观察的客观实在 (objective reality), 不同的观察者能尽可能保持客观和中立, 从而获得基本相同或相似的结论。它致力于追求"客观存在"的化学教育规律, 并强调可通过数理统计来分析与解释数量关系, 从而揭示客观规律。

譬如, 研究者可使用标准化定量测量工具 (如化学学习兴趣量表、氧化还原反应测试卷等) 对某变量或不同变量之间的关系开展调查; 或根据教学模式 (如是否使用数字化手持技术) 以随机抽样的方式分配实验组与对照组, 并通过标准的程度定量收集与分析数值型数据 (如化学成绩、化学元认知能力等), 从而探讨不同组别在某 (些) 变量上是否存在显著性差异。

综上，变量是定量研究的核心。定量研究者通常需要通过变量来描述客观实在，并试图通过阐明变量之间的关系来解释或预测客观实在。因此，有必要对化学教育研究中不同类型的变量做相应的介绍。

1.1.2　化学教育定量研究的变量

变量（variable）是指能够承载不同的值或类别的条件或特征，或可简单理解为具有不同值或类别的量。相应地，与之含义对立的"常量"（constant）则指一个变量的单一值或类别。化学学科能力、化学学业成绩、化学学习兴趣等均是化学教育领域常被研究的变量，不同个体在这些变量上的"得分"有高有低，即它们均可视为由低到高的变量（如化学学业成绩数值为 0～100 分）。另外，"性别"是最常见的变量之一，它可看作"男性"与"女性" 2 个常量的集合。性别可以不同，但"女性"（或"男性"）不会不同，因为后者只是构成"性别"变量的 2 个常量之一。类似地，对于上述"化学学业成绩"变量，每个值（如 80 分）是一个常量（Johnson et al，2016）。

根据变量的特点与定量研究的具体需要，可从不同角度对"变量"进行分类。譬如，可根据变量的性质将其大致分为"连续变量"（continuous variable）与"类别变量"（categorical variable），这种分类方法基本能满足所有化学教育定量研究的需要。其中，连续变量指在数量或程度上变化的变量，通常涉及具体数字，如上述"化学学业成绩"与"化学学习兴趣"变量均属于连续变量。类别变量则指在种类或类别上变化的变量，如"性别""年级""教龄"等变量。结合上述变量的定义可知，"化学学业成绩"与"化学学习兴趣" 2 个连续变量分别承载不同数量（即具体多少分）与不同程度（即兴趣水平有多高），而"性别"则承载"男性"与"女性" 2 个类别。

需要说明的是，研究者还可结合具体数据分析的需要，对变量做相应的分类处理。譬如可将"化学学业成绩"用作连续变量以回答变量关系类研究问题（如化学学业成绩与化学问题解决能力相关性分析）；也可将其用作类别变量承载低、中、高 3 种类别的化学学业水平，以回答差异类研究问题（如低、中、高化学学业水平三组学生在化学问题解决能力方面的差异）。相应地，研究者可根据不同的处理方法赋予"化学学业成绩"不同的值。譬如，若作为连续变量处理，可赋予其具体的数值（如 99）；若作为类别变量处理，可结合实际赋予其"1""2""3"以分别代表低、中、高 3 种类别的化学学业水平。

另一种分类方法则根据变量的"角色"将其具体划分为自变量（independent variable，IV）、因变量（dependent variable，DV）、外扰变量（extraneous variable）、控制变量（controlling variable）、中介变量（mediating variable）、调节变量（moderator variable）。该分类方法主要适用于探讨特定变量之间关系或某种干预是否有作用等问题。具体而言，自变量指能引起另一变量发生变化的变量。需要注意的是，自变量可由研究者操纵（如研究者能决定自变量的赋值），也可以是自然的变化（如年龄等不受研究者外加干预的影响）。因变量指被一个或多个自变量影响的变量，即依赖自变量而变化的变量。综上，自变量主要用于预测其对因变量的影响，而因变量则用于检验自变量的选取或操纵是否有影响。

不少定量研究者倾向于将自变量与因变量分别假定为"原因"与"结果"或"效应"，尤其试图基于 2 个变量之间的相关性分析建立"因果关系"（causal relationship），这种做法可能有失严谨。若欲建立因果关系，研究者需要保证以下 3 个必要条件（Christensen et al.，2009）：（1）关系条件——自变量与因变量必须存在相关或逻辑关联；（2）顺序条件——自变量的变化必须在因变量的变化之前；（3）排他条件——自变量与因变量之间的关系并非由其他变量（如外扰变量与控制变量）的影响而引起。

为了更好地理解第 3 个必要条件，有必要介绍"外扰变量"与"控制变量"二者的定义。外扰变量（confounding variable）指除了自变量之外可能与结果相关的变量，它也可理解为在解释研究结果时会与自变量发生竞争的变量。若研究者未对外扰变量进行控制或处理，评审人员或读者可能会对研究结果提出替代性解释（alternative explanation）或竞争性假设（competing hypothesis）。譬如，当研究者通过统计分析发现化学学业成绩（IV）与化学问题解决能力（DV）2 个变量显著相关时，仍需考虑化学问题解决能力的变化"原因"有无可能并非化学学业成绩，而是缘于某个（或某些）未考虑到的外扰变量，如学生的化学知识结构化程度与化学问题解决动机等。例如，化学学业成绩好的学生"刚好"具备更完善的化学知识结构与更强的化学问题解决动机。这些外扰变量或因素都与自变量或因变量有关，但研究者并未对其进行相应处理。与外扰变量稍有不同，控制变量则指与因变量相关，在研究过程中需要对其影响加以控制的变量。譬如，在探查化学学业成绩与化学问题解决能力 2 个变量关系时，由于化学思维水平与化学问题解决能力也有关系，故研究者需要控制化学思维水平的差异，以更有效地研究化学学业成绩与问题解决能力之间的"更纯净"的关系。

类似地，中介变量与调节变量在理解自变量与因变量之间关系方面扮演重要角色。其中，中介变量指在两个变量之间起作用的变量，其引入有助于研究者了解自变量是如何通过另一变量而影响因变量的。假设 IV 为化学教学策略（探究式教学策略与讲授式教学策略），DV 为学生化学测验成绩（0～100 分不等），若研究结果显示 IV→DV，即化学教学策略影响化学测验成绩；然而，学生的化学学习动机可能是中介变量，则相应的"因果关系链"可能为"化学教学策略→学生化学学习动机→学生化学测验成绩"。与中介变量不同，调节变量指的是改变或调节其他变量关系的变量，它更加关注变量之间的关系在不同条件或情境下是如何变化的。譬如，研究结果显示运用探究式教学策略教授的班级与运用讲授式教学策略教授的班级在化学测验成绩上并无显著性差异，然而，研究者可能在进一步的分析中发现，探究式教学策略对男生更加有效，而讲授式教学策略对女生更加有效。此时，性别则可视作一个调节变量，即化学教学策略与学生化学测验成绩的关系主要由性别"决定"。

此外，还可以根据其他标准对变量进行分类。譬如：按照是否能被直接观察将变量划分为直接观察变量（如化学课堂提问行为）与间接观察变量（化学教学机制）；按能否被研究者操控可将变量分为可操作变量（如化学教学时间）与不可操作变量（如学科理解能力）；按在测量上的特性还可分为定类变量（如性别）、定序变量（如年级）、定距变量（如智力）与定比变量（如化学成绩）等。

1.1.3　化学教育定量研究的类型

根据具体的研究目的，研究者需要对上述不同类型变量及其关系做相应的处理，由此派生出两类化学教育定量研究：实验型与非实验型。实验型研究强调探查不同群组（如男生与女生）之间在某个或某些变量（如化学问题解决能力）方面的差异，它主要包括真实验研究（true experimental research）和准实验研究（quasi-experimental research）。其中，真实验研究会依据某种标准（也称"处理变量"或"处理条件"）将参与者（旧称"被试"）分配到不同的群组，并能做到3个"随机"，即随机选择参与者、随机分配参与者入组、随机实施干预处理。基于这些较严谨的设计，试图得出某种因果关系。然而，在目前化学教育定量研究实践中，绝大多数的实验型研究属于准实验研究，即化学教育研究者所能控制的程度相对不高。限于研究实际的情况，研究者基本上采用方便抽样的方法选择参与者，难以做到随机分配参与者入组等。更多关于准实验设计方式的介绍详见本书第9章。

与实验型研究相比，非实验型研究的侧重点仅在于探查或描述变量之间的关系（而非检验变量之间的因果关系）。相关研究（correlational research）则是一种最为常见的非实验型定量研究。譬如，若研究者想要知道中学生在某种数字平台（如"智学网"）的化学学习时间与其化学成绩的关系，则可考虑使用相关研究。另外一类较常见的非实验型研究倾向于以时间或时段作为自变量，从而探查因变量随着时间变化的方向和程度，它一般包括纵向设计（longitudinal design）与横断设计（cross-sectional design）2种类型。若研究者想知道学生从初三年级到高三年级化学认知方式变化的方向和程度，可采用以下其中一种设计方式：（1）耗时4年追踪同一批学生，并具体测查每一名学生从初三到高三4个学段的化学认识方式；（2）在同一时间测查4个学段不同学生的化学认识方式。第一种设计方式属于纵向设计，其优点是能帮助研究者了解每个特定个体的变化信息，缺点在于一般耗时较多，且可能出现参与者中途退出研究的情况。第二种设计属于横向设计，其优点是能一次性收集数据，耗时少，但缺点在于所收集的数据并非某个特定个体随着时间变化的信息，而只是"近似"地得到从低学段到高学段的变化信息。

综上，实验型研究致力于探寻因果关系，有助于回答自变量的变化是否会"引发"或"导致"因变量变化的研究问题，通常可表述为"IV的变化引起DV的变化"；非实验型研究更多讨论的是相关关系，有助于回答两个变量（A和B）之间的关系，通常表述为"A越……B越……"。需要注意的是，相关关系可从2个方向解读，不能武断片面地认为A是B的原因。譬如，若研究者发现中学生在智学网上进行化学学习的时间与其化学成绩存在显著相关，可有2种解读方式：（1）学生在智学网上所花费的化学学习时间越长，其化学学习成绩越有提高的趋势；（2）化学成绩越高的学生，越倾向于在智学网上花更多时间进行化学学习。

1.1.4 化学教育定量研究的质量

化学教育定量研究的质量主要可通过信度（reliability）与效度（validity）来评估，因为测量的信度与效度涉及所测得的结果能否"精确"和"准确"地反映测量对象的事实（张莉等，2018）。信度指用同一测量工具或手段测量同一对象所获得的结果的一致性程度，即它强调的是可复制性或一致性。譬如用同一份《化学基本观念问卷》分多次对相同的参与者或具有相似特征的样本进行测量，所测得的回答一致性程度越高，则说明信度越高。

按照研究的一致性或可复制性，可将信度相应地划分为内在信度与外在信度2类。前者指在给定的相同条件下，数据收集、分析与解释保持一致性的程度；后者则指一个独立的化学教育研究者能否在相同或相似的背景下重复研究，为保证其重复性，研究中必须包括对研究过程和条件的充分界定，不同研究所需界定的方面可能并不一样多。另外，根据研究的具体需要或目的，研究者可选用不同类型的信度以评估研究的质量（见表1.1）。

表 1.1 不同类型的信度

信度类型	目的	实施	信度系数
重测信度	检验测验稳定性	在前后两个事件中对同一组参与者实施相同测验	Pearson 相关系数
复本信度	检验测验等价性	两量表连续施测	Pearson 相关系数
		两量表间隔施测	
分半信度	检验两半量表测得分数的一致性	将量表分为相同的两半施测	Pearson 相关系数 Spearman 相关系数
同质性信度	检验测量同一概念的各题之间的一致性	求每个题目的得分与总分之间的得失	克隆巴赫 α 系数
评分者信度	检验测验评分者之间的一致性	让若干评分者评分，看其之间评价的一致性	Spearman 相关系数 Kendall 和谐系数 一致的百分比

此外，信度是一个统计学概念，它等于真分数除以真分数与误差分数之和。其中，真分数是在无其他变量影响的情况下对某一变量真实值的反映；误差分数则指造成真分数和观测值产生差异的各种因素的综合。因此，若测量工具对研究对象测量结果的误差越小，信度则越大。一般用信度系数（数值为 0～1）表示信度大小，若信度系数值为 1，则说明测量结果完全无误差，而这几乎是不可能的。对于化学教育研究，信度不宜低于 0.55（或 0.60）。无论何种类型的信度系数，一般要求其须大于 0.70 方可接受。这表示在 100 次的重复测试之中，有 70 次及以上会得到一致的结果（王晓华等，2022）。

化学教育研究的效度可简单理解为从某项化学教育研究得出推论的真实性程度。具体来说，可从 2 个不同角度进行定义。第一种定义为化学教育测量结果或研究结果反映研究对象实际情况的准确程度；第二种定义为化学教育测量工具测得所要测量事物的准确或有效程度。

在第一种定义视角下，效度可分为内部效度（internal validity）、外部效度（external validity）与统计结论效度（statistical conclusion validity）。其中，内部效度指"推断两个变量间存在因果关系的近似程度"（Cook et al，1979），它可视作前述"因果关系"第 3 个必要条件（"排他条件"）的另一种表达方式，即它是衡量因变量"仅因"自变量而变化的程度。譬如，若实验班采用概念图教学策略使初三学生的化学成绩显著高于对照班，而且研究者能通过统计分析或其他研究策略尽可能控制或排除其他外扰变量（如学生的已有化学知识储备、学生的课外辅导等），则说明上述研究结果具有较高的内部效度。影响内部效度的因素主要包括参与者以往有关经历、参与者在研究过程中的进步、测试效应（如前测对后测的影响）、工具效应（即因工具发生变化而导致的影响）、参与者的选择或流失以及回归趋中效应等。

外部效度则指研究结果可以推广至不同的人群、情境、时间及实验处理变式的程度，因此也常被称为"推广效度"（Campbell et al.，1963；Johnson et al.，2016）。该程度越高，则说明研究结果的外部效度越高。一般来说，化学教育研究外部效度的提高离不开内部效度的保证，但内部效度高的研究其外部效度未必也高（Shadish et al.，2002）。一方面，若研究的内部效度低，即研究者并未能充分保证自变量与因变量之间的因果关系，则这样的研究并无进一步推广的合理性。另一方面，若内部效度过高，即研究者需要控制一系列可能会影响因变量的外扰变量，这便意味着研究情境的特殊性或专属性得以强化，反过来影响研究结果的可推广性，从而降低了外部效度。此外，影响外部效度的因素主要包括样本的代表性、对研究程序细节的描述以及霍桑效应（Hawthorne effect）等。

统计结论效度指的是能够推断自变量和因变量共变的效度，或一种能够用来推断两个变量关系及其关系强度的效度（Christensen et al.，2009）。这里的"共变"关系其实是前述因果关系成立的第一个必要条件（"关系条件"）。从该定义可知，该效度以统计推断为基础：一是统计推断关注自变量和因变量之间的关系是否达到显著性水平；二是统计推断关注该关系的强度是否具有实践意义。

在第二种定义视角下，效度可分为表面效度（face validity）、内容效度（content validity）、构念效度（construct validity）与效标效度（criterion validity）等（Johnson et al.，2016）。其中，表面效度指的是测量内容或题项"看起来"是否合乎逻辑的效度。内容效度指测量内容与测量目标之间的合理性与适切性程度，一般可邀请化学教育专家基于相关专业知识评定测量工具的题项是否符合测量目标，故内容效度也称为专家效度（expert validity）。构念效度指的是所用测量工具是否能准确反映其所基于的概念或理论，如某个分量表的具体题项（如"化学知识并非一成不变"）能否准确反映该分量表所代表的构念（如"化学知识的暂定性"），通常可通过统计分析方法（如相关分析、因子分析）来检验之。效标效度指所用的测量工具与其他具有较高信度、效度的效标工具的相关程度，相关程度越高，则说明所用工具具有越高的效标效度。按照使用效标工具测量与研究测量（如"化学学科教学知识"）是同时（如"整合技术的化学教学知识"）还是延后（如"化学课堂教学行为"），可将效标效度分为同时效度与预测效度。

1.2 适用范围

化学教育定量研究主要适用于探查变量之间的关系（包括相关关系与因果关系），尤其适用于回答"是否"或"有无"等具有二元论特点（yes or no）的研究问题，例如：

- 化学学科教学知识水平是否与化学教师的教龄有关？
- 化学教师整合技术的学科教学知识（TPACK）是否与其设计思维显著相关？
- 探究式教学法与概念图教学法，哪种更有助于增强高中生对化学概念的理解？
- 初三、高一和高二学生的化学变化观水平是否存在显著性差异？
- 与女生相比，男生的化学问题解决能力是否更强？
- 高中生科学本质观的七个一阶因子能否被一个更高阶的二阶因子解释？
- 化学学习兴趣和化学元认知能力能否显著地预测化学学业成绩？

需要注意的是，定量研究所探查的变量之间的关系通常指具有统计意义上的显著关系。该显著关系包括不同自变量类别在因变量上是否存在显著性差异，某些变量之间是否存在显著性相关，以及某（些）自变量是否能显著地预测因变量。

另外，化学教育研究者在使用定量研究前，还需要综合考虑自身的哲学立场与统计学背景及定量软件（如 SPSS）的使用熟悉程度等因素。若研究者更倾向于持后实证主义观，同时具备较充分的统计学原理知识，以及能较为熟悉地使用定量分析软件，那么定量研究确实为更佳的选择。

1.3 实施策略

受上述后实证主义影响，化学教育定量研究所遵循的验证性方法是传统的"自上而下"式的理论检验途径（即"证明的逻辑"），故其一般始于理论。相应地，研究者可能在研究的初始阶段就需要采取理论演绎的方式，旨在检验（包括证实与证伪）某种提炼于大量有关文献的理论。该理论可以指导整个研究，包括研究假设或研究问题的提出、变量的定义与操作、工具的选取或开发以及数据收集与分析等。上述以理论演绎为导向的定量研究设计思路如图 1.1 所示。

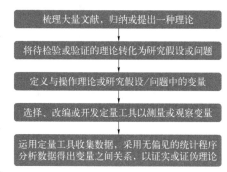

图 1.1　理论演绎的定量研究设计思路

首先，化学教育研究者需要采用科学严谨的方法完成文献综述工作，基于此归纳得出或有根据地提出某个理论。其中，化学教育文献综述主要包括主题确定、文献检索、内容精读、观点评析、主线梳理、领域延伸等环节（邓峰，2020），这些环节均为定量待检验的某种理论（如"整合手持技术的建构主义教学有助于增强学生的化学学习"）奠定了坚实的文献基础。

其次，研究者可结合研究的具体主题，将待检验的理论转化为具体的研究假设（如"基于手持技术的建构主义式化学教学有助于增强高中生化学概念理解"）或研究问题（如"基于手持技术的建构主义式化学教学是否有助于增强高中生化学概念理解？"），也有研究者习惯使用"研究目的"来表述（如"本研究试图探讨基于手持技术的建构主义式化学教学是否有助于增强高中生化学概念理解"）。

接着，研究者需要对所提研究假设或研究问题中的变量进行定义与操作。譬如，基于"基于手持技术的建构主义式化学教学"和"化学概念理解"分别可以定义自变量"化学教学方法"与因变量"化学概念理解能力"。与此同时，研究者仍需要进一步操作这两个变量。例如，可将自变量解构为"基于手持技术的建构主义教学方法"与"讲授式教学方法"2 个类别。

然后，研究者可结合实际情况决定选择、改编或自主开发定量工具（如"化学概念理解测试卷"）以测量或观察因变量。诚然，研究者需要在这一步骤检验并建立工具的信度与效度（更多关于信、效度的讨论详见本书第 4～12 章内容）。

最后，研究者使用定量工具收集数据资料，并据此采用较严谨或无偏见的统计程序进行数据分析，以得出自变量与因变量之间的关系，从而证实或证伪一开始所提出的理论。

1.4 案例解读

为了更好地理解化学教育定量研究，以下将以笔者指导的硕士学位论文《不同化学学习情境下高中生科学本质观的差异研究》（车宇艺，2017）为案例，展开具体性阐述。首先，研究者在文献综述过程中，对近几十年来国内外关于科学本质的理论研究、中学生科学本质观的测查研究，以及促进中学生对科学本质理解的教学研究等领域进行系统梳理（见图 1.2），以归纳出其研究准备检验的理论（见图 1.3）。

2 文献综述 12

2.1 科学本质的理论研究 12
2.1.1 科学本质的内涵与维度 12
2.1.2 科学本质的理论框架研究 14
2.1.3 科学本质认识的阶段性 15
2.1.4 小结 17
2.2 国内外关于中学生科学本质的测查研究 18
2.2.1 国外关于中学生科学本质的测查研究 18
2.2.2 国内关于中学生科学本质的测查研究 20
2.2.3 国内外关于中学生科学本质的测查研究对比分析 22
2.3 国内外关于中学生科学本质的教学研究 23
2.3.1 国内外关于中学生科学本质的隐性教学研究 23
2.3.2 国内外关于中学生科学本质的显性教学研究 25
2.3.3 国内外关于中学生科学本质的显隐性教学对比研究 29
2.4 小结 31

图 1.2　定量研究案例的文献综述（硕士论文目录部分）

国外关于中学生科学本质教学的研究主要可分为隐性教学、显性教学、以及显隐性对比教学三种类型，整体的研究结果表明，在提高中学生对科学本质各维度的认识上，显性途径似乎要优于隐性途径

图 1.3　定量研究案例中的待检验理论

其次，研究者将上述待检验的理论转化为 2 个研究问题，且将第一个研究问题细化为 3 个子研究问题（见图 1.4）。

基于上述国内外中学生科学本质相关研究的现状与不足，同时为日后的科学本质教学研究提供一定的借鉴思路和实证依据，本研究主要致力于探讨在“隐性”与“显性”这两种不同的化学学习情境中，学生的科学本质观与其化学成绩的变化情况，具体包括以下2个研究问题:

（1）不同的化学学习情境对高一学生科学本质各方面的理解的影响是否存在显著性差异?

a）隐性学习情境中，学生对科学本质的理解是否存在显著差异?

b）显性学习情境中，学生对科学本质的理解是否存在显著差异?

c）在这两种不同的学习情境中，学生对科学本质的理解是否存在显著差异?

（2）不同的化学学习情境对高一学生化学成绩（化学单元测试成绩）的影响是否存在显著性差异?

图 1.4　定量研究案例的研究问题

接着，研究者对上述研究问题中的变量进行定义与操作（见图 1.5）。

　　本研究主要涉及三个研究变量，分别是控制变量、自变量与因变量。下面，笔者将具体阐述各变量的具体内容。本研究的控制变量包括三个方面：一是起点，两班学生在入学考试、单元测试等重要考试中的成绩及学习态度方面均无明显差异，因此可大致认为他们起点相同；二是授课教师，本次研究两个班的授课教师均为笔者，笔者在研究此课题之前已在导师的引导和教授下，学习了相关的科学本质及其教学方面的内容，为本课题的研究奠定了一定的理论基础，与此同时，笔者在研究生期间，进行了较长时间的微格练习，对教学法、教学模式等教育学知识有所涉猎，为本次研究奠定了实践基础；三是授课内容，本次研究两个班的授课内容一致，均为人教版高中化学必修 1 第二章的内容，具体包括物质的分类（2 课时）、离子反应（3 课时）及氧化还原反应（3 课时）。此外，本研究的自变量是"科学本质学习情境"，A 班主要创设"隐性学习情境"，B 班则创设"显性学习情境"。而本研究的因变量则是学生的科学本质观，在实验教学前后，均对学生进行高中生科学本质观的问卷调查，该问卷属于量表型问卷，学生根据自身的理解，选填 1~7 中任何一个表示认可程度的数字，没有正误之分，但可根据学生对每道题的评分来判断学生对科学本质的理解程度。

图 1.5　定量研究案例中的变量（此处略去"化学成绩"这一因变量）

　　然后，研究者决定采用文献中报道的定量工具测查其中一个因变量（即"科学本质观"），使用单元测试试卷来测量另一个因变量（即"化学成绩"）（见图 1.6）。同时，研究者还对所使用的测量工具的信度、效度（见图 1.7）以及难度与区分度（见图 1.8）进行检验，以确保研究结果的可靠性与有效性。

　　本次研究主要是为了探查"隐性"与"显性"这两种不同的化学学习情境对学生的科学本质认识水平及其化学成绩的影响情况。为了达到此目的，本研究采用 Tsai 与 Liu 等研究者（2005）编制的测查高中生科学本质观的七点量表以及高一化学第二单元测试试卷作为探查学生科学本质观和化学成绩所达程度的工具。下面，笔者将具体阐述高中生科学本质观调查问卷的信度与效度，以及高一化学第二单元测试试卷的难度与区分度。

图 1.6　定量研究案例中测量工具的选择

　　笔者在 SPSS 软件环境下，结合使用主成分分析与方差最大旋转法，对收集到的 16 道题目的前后测数据分别进行探索性因子分析。从每道题目的因子负荷值来看，可知，第 1 道题和第 6 道题的因子负荷值小于 0.50，这表明，这两道题目的收敛效度不够好，缺乏较高的效度，因而笔者在对学生进行科学本质观后测的调查时，对调查问卷重新做了调整，删去第 1 和第 6 道题目，最后保留了 14 道题目，具体问卷内容详见附录 3。

　　最终的因子分析结果显示，前测数据的 Bartlett 球形检验 $\chi^2 = 622.02$，$p < 0.001$，$KMO = 0.71 > 0.70$；后测数据的 Bartlett 球形检验 $\chi^2 = 882.92$，$p < 0.001$，$KMO = 0.80 > 0.70$，认为其适合做因子分析。而在本研究中，可出现 4 个因子，且每个因子均具有较好的解释意义，符合原定的 4 个维度的区分期望。

　　由表数据可知，每道题目相应的因子负荷值介于 0.68 与 0.91 之间，均超过 0.50，这初步表明每道题目的收敛效度良好，具有较高的效度。此外，每个分量表的内部一致性系数值均高于 0.70，初步说明各因子具有较好的内部一致性，即具有较高的信度。因而认为，采用该问卷量表对学生进行科学本质认识水平的调查是有效和可信的。

图 1.7　定量研究案例中信度与效度的检验

本研究采纳 2016 学年第一学期高一年级第二章的单元测试试卷作为学生的化学成绩测量工具，该工具由选择题（20 题，共 60 分）和非选择题（4 题，共 40 分）组成，总分 100 分，该份试卷主要考察了学生对物质的分类、分散性、电解质、离子反应、氧化还原反应等知识点的掌握情况，具体的题目见附录 4。笔者对收集到的隐性组（A 班）和显性组（B 班）共 108 名学生的化学单元测试成绩进行关于本次测试卷的难度和区分度分析……根据所收集到的数据，最终算出这份单元测试题的难度 P 值约为 0.60，这表明，本次测试题难度适中，适合用于测试学生对本章节所学内容的掌握程度 …… 结合收集到的数据，最后计算得出本次试题的区分度 D 值约为 0.30，这表明该测试卷的区分度处于尚可接受的水平，可用于测量学生对本章所学内容的掌握程度。

图 1.8　定量研究案例中难度与区分度的检验（此处略去计算公式等内容）

最后，研究者采用实验型定量研究（见图 1.9），并使用测量工具收集数据（见图 1.10），再据此进行数据统计分析（见图 1.11），以回答 2 个研究问题，从而"证实"一开始所提出的理论（见图 1.12）。

在本研究中，隐性组（A 班）与显性组（B 班）所进行的教学内容是相同的，不同的是，隐性组（A 班）主要以探究活动的形式开展教学，贯彻"学生为主体，教师为主导"的教学理念，笔者根据教学大纲的要求，并结合各章节的教学目标，在每次实际的课堂教学中，都有意识地进行探究式的教学活动，为学生创设一种隐性的科学本质学习情境，以期学生在潜移默化的影响下，自行体会到科学知识的社会协商性、创造性、理论负荷性以及暂定性。而显性组（B 班）则以探究活动与显性整合的方式展开教学，在实际的教学过程中，每当学生经历一次探究活动，笔者就以问题的形式引导学生进行思考，思考的问题均是一些与本节课的教学内容相关的科学本质问题（如：分类的标准是谁定的，分散系这一个词是怎么来的，等），同时，笔者也会在每节课的最后 5min 设置一次小结和反思活动，让学生对本节课所学内容进行小结，并分组谈谈各自对科学本质某些方面理解上的收获及不足，以帮助学生理顺思路，加深印象。通过将科学本质问题与教学内容相整合的方式，为学生创设一种显性整合的科学本质学习情境，主要是期望学生在这种情境下，能逐渐地体会科学知识的社会协商性、创造性、理论负荷性以及暂定性。因而，隐性组（A 班）和显性组（B 班）在教学方面的最大不同之处在于，显性组（B 班）要比隐性组（A 班）多增加了一些与课程内容相关的科学本质问题的讨论和反思活动。

图 1.9　定量研究案例中的实验设计

在进行正式的教学实验之前，笔者以问卷调查的方式对两个平行班的学生进行科学本质认识水平前期调查，该调查采用的是高中生科学本质观调查问卷（前测）（见附录2），主要以当堂分发、当堂收取的方式进行，本次前测时间为2016年9月。本次调查分别从隐性组（A 班）和显性组（B 班）回收了有效问卷各54份，问卷的有效回收率均为100%。根据实际情况，判断收回的问卷是否有效，主要需要满足以下两点：一是问卷中的题目要全部做好，一旦发现漏填，则认为无效；二是题目与题目之间没有出现完全一致的答案，如若发现全部选"1"或者选"7"或者别的数字，则视为无效……在完成一个单元教学后的一周时间内，对 A 班和 B 班分别进行中学生的科学本质认识水平后测，后测的问卷与前测的问卷相当（部分题目经笔者稍许删减改动），操作过程相同，问卷的具体内容详见附录3。此外，在进行教学实验之后，分别对两班学生进行单元测试，以收集各班学生的化学单元测试成绩，本次单元测试两班的测试题目相同，操作过程一致，详细试题内容见附录4。

图 1.10　定量研究案例中的数据收集

本研究旨在探讨在"隐性"和"显性"这两种不同的学习情境中,学生的科学本质理解水平以及其化学成绩是否存在显著性差异,因而针对收集到的数据,笔者主要使用SPSS软件对数据进行分析,具体包括效度分析、信度分析、配对样本 t 检验、独立样本 t 检验等。进行效度和信度的检验,是为了证明该研究问卷的有效性和可靠性,从而进一步证明本研究的后续分析结果的有效性。进行配对样本 t 检验则是为了探究在同一学习情境中,学生对科学本质的理解是否存在显著性差异;进行独立样本 t 检验则是为了探究在教学实验前,隐性组和显性组的学生科学本质认识水平、化学成绩是否存在显著性差异;同样地,也可探究在教学实验后,隐性组和显性组的学生科学本质认识水平、化学成绩是否存在显著性差异。具体的数据分析结果和讨论,详见本研究的第四章的内容。

图 1.11 定量研究案例中的数据分析

综合上述分析可知,隐性学习情境仅能较为显著地提高学生对科学知识的社会协商性这一方面的认识,但并不能显著地提高学生对科学知识的创造性、理论负荷性及暂定性等方面的理解。相比之下,显性学习情境却能极其显著地提高学生对科学知识的社会协商性、创造性、理论负荷性及暂定性等方面的认识。在进行教学实验之前,隐性组与显性组的学生对科学本质的认识方面不存在显著性差异,但在进行教学实验之后,隐性组与显性组的学生在关于科学知识的社会协商性、创造性、理论负荷性及暂定性等方面的认识出现显著性差异,这表明,不同学习情境对学生的科学本质认识的影响出现显著差异,故而认为,显性学习情境要比隐性学习情境更能有效地促进学生对科学本质的理解,提高学生的科学本质认识水平。

而在进行教学实验之前,隐性组(A班)和显性组(B班)的入学化学成绩相当,并没有出现显著性差异,两班的起点基本一致。但在进行了为期一个月的单元科学本质教学实验之后,显性组学生的化学单元测试成绩与隐性组学生的化学单元测试成绩之间出现了显著性的差异,这表明,不同的学习情境对学生的化学成绩的影响存在显著性差异,且显性学习情境在提高学生的化学学习成绩上要优于隐性学习情境。

图 1.12 定量研究案例中的理论"证实"

1.5 优势局限

化学教育定量研究主要具有以下优势:(1)它具有高效性,允许研究者进行较大规模的化学教育调查或实验干预,能在较短时间内测量几百到几千人的数据,并可通过统计软件实现对定量数据快速准确地分析;(2)它具有较高的规范性与标准化程度,如定量工具的设计、数据的收集与分析、统计偏倚的控制以及统计结果的解读,均需要化学教育研究者进行较严谨的论证与推理,因而所得结论也相应更客观或更接近"真理";(3)它具有较强的可推广性,若研究结果具有较大的效应量,则说明所获得的研究结论可推广于更大人群。

然而,化学教育定量研究也存在一些局限性:(1)对参与者所处情境的理解比较有限,且未能对每个参与者从微观层面进行深入与细致的描述和分析;(2)可能会忽略研究假设/问题中所涉及变量之外的现象,或是一些无法量化的问题;(3)研究者有可能蒙蔽于"追求客观"的心态,忽略对研究可能存在的主观性的反思评价;(4)对于不太擅长数理统计的研究者来说，它所涉及的统计原理与定量软件操作等可能难度较高。除此之外，Creswell et al. (2018) 还指出定量研究相对较为枯燥。

 要点总结

化学教育定量研究可理解为化学教育研究者基于后实证主义知识观，遵循验证性科学方法（如将重点放在对假设或理论的检验），在研究中通过收集数值型数据以回答"是否"或"有无"等具有二元论特点研究问题的研究范式或方法论。

根据变量的特点与定量研究的具体需要，可从不同角度对化学教育定量研究中涉及的"变量"进行分类。譬如，可根据变量的性质将其大致分为"连续变量"与"类别变量"，且可结合实际实现2种变量之间的转换；还可以根据变量的"角色"将其具体划分为自变量、因变量、外扰变量、控制变量、中介变量、调节变量，该分类方法主要适用于探讨特定变量之间的关系或某种干预是否有作用等问题。

化学教育定量研究包括实验型与非实验型两类。实验型研究强调探查不同群组（如男生与女生）之间在某个或某些变量（如化学问题解决能力）方面的差异，它主要包括真实验研究和准实验研究。与实验型研究相比，非实验型研究的侧重点仅在于探查或描述变量之间的关系（而非检验变量之间的因果关系），常见的非实验型研究包括相关研究、纵向设计与横断设计研究。

化学教育研究的质量可通过信度与效度2个指标来评价。

化学教育定量研究主要适用于探查变量之间的关系（包括相关关系与因果关系），尤其适用于回答"是否"或"有无"等具有二元论特点（yes or no）的研究问题。另外，研究者还需综合考虑自身的哲学立场与统计学背景及定量软件（如SPSS）的使用熟悉程度等因素。

化学教育定量研究的实施主要采用理论演绎设计思路。一般而言，研究者首先需要进行系统翔实的文献综述以归纳或提出某种理论，接着将其转化为具体的研究假设或问题，同时定义相应的变量，再据此选择、改编或开发定量工具以测量或观察变量，然后运用该工具收集数据，并通过无偏见的统计程序分析数据以得出变量之间的关系，以证实或证伪所提的理论。

化学教育定量研究的主要优势包括高效性、规范性、可推广性等。然而，它也存在某些局限性，如：对参与者所处情境的理解比较有限，且未能对每个参与者从微观层面进行深入与细致的描述和分析；可能会忽略研究假设/问题中所涉及变量之外的现象，或是一些无法量化的问题；忽略对研究可能存在的主观性的反思评价；所涉及的统计原理与定量软件操作等对部分研究者而言难度较高。

 问题任务

请简述你对后实证主义的理解，并对比分析自身的哲学立场。

请基于化学教育研究领域，举例说明自变量、因变量、中介变量、调节变量、外扰变量几种变量，并与同伴讨论如何能最大程度地获得自变量与因变量之间的"纯净"关系。

试述你对"相关关系"与"因果关系"二者区别的认识，并与同伴讨论化学教育研究者有无可能通过定量研究获得真正的因果关系。

请简述在化学教育定量研究过程中应如何提高研究的信度与效度。

在化学教育研究实践中，你认为可通过哪些途径尽可能克服定量研究自身的局限性？

任选一篇化学教育定量研究论文，结合理论演绎设计思路分析该论文中的设计方案，并与同伴讨论之。

请在导师的指导下，同时结合你自己的研究兴趣，拟定一个研究主题，然后尝试基于理论演绎设计思路，初步完成一个定量研究的设计方案。

 拓展阅读

Creswell J W. Research design：qualitative，quantitative，and mixed methods approaches [M]．2th ed. Thousand Oaks，CA：Sage Publications，2003.（理论方法）

Vogt W P. Quantitative research methods for professionals in education and other fields [M]．New York，NY：Pearson，2006.（理论方法）

钟媚，邓峰，陈灵灵等.化学职前教师 PCK 的结构与水平研究[J]．化学教育，2019，40（24）：58-64.（定量研究方法的具体应用）

余淞发，邓峰，钟媚等.高中生化学认识论信念与化学学习策略及其关系研究[J]．化学教育，2020，41（5）：73-77.（定量研究方法的具体应用）

Deng F，Chen W，Chai C S，et al. Constructivist-oriented data-logging activities in Chinese chemistry classroom：enhancing students' conceptual understanding and their metacognition[J]．The Asia-Pacific Education Researcher，2011，20（2）：207-221.（定量研究方法的具体应用）

第 2 章

化学教育定性研究方法

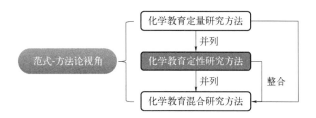

【课程思政】认识质是认识和实践的起点和基础。

——马克思

 本章导读

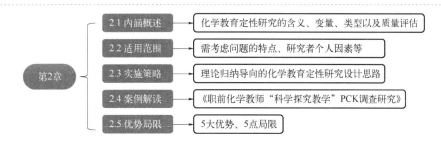

通过本章学习，你应该能够做到：

- 简述化学教育定性研究的含义
- 区分不同类型的化学教育定性研究，并说明相应的分类标准
- 简述用于评估化学教育定性研究质量的 4 个特性指标
- 辨识化学教育定性研究的适用范围
- 简述化学教育定性研究的实施策略
- 说出化学教育定性研究的优势与局限性
- 根据理论归纳思路初步设计化学教育定性研究

2.1 内涵概述

作为另一种研究范式，定性研究（qualitative research）一般指研究者基于建构主义（constructivist）的视角，通过收集非数值数据（包括个人的访谈记录、书面记录、观察记录、图片、视频等）来建构知识的研究方法类型。Crotty（1998）曾提出有关建构主义的 3 个重要假设：（1）当人类与其所认识的世界发生联系时，意义就被建构了，因此，定性研究者更多采用开放式问题以允许参与者能更充分地表达自己的观点或感受；（2）人类在改造世界的同时，也从历史和社会的视角去理解世界，因此，定性研究者特别关注参与者的个人背景与所处的社会环境；（3）意义的生成总是社会性的，它产生并形成于人类团体的互动，因此，定性研究具有极强的归纳性，研究者所建构的意义来自其所处情境中所收集到的定性数据或资料。由此可见，建构主义观非常强调个人通过与他人或环境的互动而建构的意义，即个体对自身的经历形成了一些关于某种事物或现象的主观性意义。研究者的意图则在于弄清楚或解释参与者对世界的认识，并据此生成或发展某个理论或意义模式，即理论归纳或生成的过程。

此外，定性研究也称质性研究，故主张从"质"的角度分析事物或现象，如重视运用分析和综合、比较与归纳等方法分析非数值型数据，以认识事物的本质特征或揭示现象发生或变化的规律。在定性研究中，收集数据的工具其实是研究者本身。研究者一般不使用标准化测量工具，而是借助观察或开放性问题（可出现在问卷或访谈提纲上）了解参与者的想法与行为，并在多次深度观察与高质量的"提问-回答"的互动过程建构关于某事物或现象的意义。换言之，定性研究非常强调理解"局内人的视角"及他们的文化，故通常需要研究者参与性的介入（陈向明，2000）。

2.1.1 化学教育定性研究的含义

化学教育定性研究可理解为化学教育研究者基于建构主义知识观，遵循探索性科学方法（如将重点放在理论归纳或意义生成上），在研究中通过收集非数值型数据（nonnumerical data）以回答"是何""如何""为何"等研究问题的研究范式或方法论。由于探索性方法是一种"自下而上"（bottom-up）的科学方法，故化学教育定性研究强调从特定的数据收集或现象观察开始，再逐步发展为某种理论或意义模式（即"发现的逻辑"）。化学教育定性研究者倾向于假定，现实或真理是一种社会性建构，不同的观察者/研究者可能会建构出不尽相同的意义或理论，即研究结果具有较强的相对性、主观性或理论负荷性（theory-laden），正如常说的"一百个人眼中有一百个哈姆雷特"。譬如，研究者可通过开放性问卷或访谈问题（如"你认为化学知识具有什么性质？""你认为化学知识是如何产生的？""你认为应当如何论证化学知识？""你认为应当如何评价化学知识？"）以开创性地探查个体的化学知识观，即关于化学知识的性质、来源、论证与评价的认识。

2.1.2 化学教育定性研究的类型

关于定性研究的类型，不少学者提出多种分类标准与分类方式。譬如，国外学者 Tesch

（1990）按照研究目的或研究者的兴趣，提出 4 种定性研究方式：探讨语言型（如内容分析、话语分析）、探索规律型（如扎根理论、民族志、自然探究）、理解意义型（如个案研究、现象学）、反思行动型（如反思现象学）。其中较常见的扎根理论（grounded theory）是一种基于所收集的研究数据生成和发展某种理论的定性方法；民族志（ethnography）是致力于对某个文化群体的价值、观念、信念和行为进行描述的一种定性方法；个案研究（case study）指的是一种采取"深描"（deep description）的方式研究处于某种特定情境下的个体或群体的方法；现象学（phenomenology）则是一种试图理解一个或多个个体是如何"体验"某种现象的研究方法。类似地，Morse（1994）则按照所回答研究问题的类型将定性研究划分为 5 种主要类型：现象学（意义类问题）、民族志（描述类问题）、扎根理论（过程类问题）、话语分析（对话类问题）、参与观察（行为类问题）。德国学者 Flick（2006）认为可根据研究数据的性质将定性研究划分为文本数据型（如文本分析、内容分析）、口述数据型（如访谈研究、焦点团体研究）以及媒介数据型（如观察研究）3 类。

我国学者风笑天（2018）在综述各种分类方法的基础上提出，应考虑从不同角度对定性研究进行非统一标准的分类。譬如，可从基本特征的角度将定性研究分为实地类与文本类 2 种。其中，实地类定性研究主要包括以收集与分析访谈或观察数据为主的民族志、田野研究（field research）、参与观察（participant observation），它因此也常被视为"最重要也是最具代表性特征的方式"。文本类定性研究则主要包括以收集和分析文本数据（包括可被转化为文本的话语）为主的文本分析（textual analysis）、内容分析（content analysis）、会话分析（conversation analysis）、话语分析（discourse analysis）等。

基于上述定性研究的分类方法，结合化学教育研究的重心与实际，尤其从具体研究需要的角度可将化学教育定性研究主要分为个案法（详见本书第 4 章）、观察法（第 5 章）、访谈法（第 6 章）、扎根理论法（第 11 章）。个案法以尽可能详细的方式描述教师或学生个案关于化学教与学的观念、化学学科理解、化学学科认识等。观察法可用于探讨某些化学教学行为或现象背后的规律。扎根理论法可用于分析可转化为文本的话语数据，以建构或发展某种理论。需要说明的是，虽然上述不少研究者倾向于认为内容分析法属于定性研究中的一种，然而结合其对内容分析法的具体介绍发现，该研究方法更加具有定量研究的特征，如一般使用既定编码框架或方案对数据进行"自上而下"的分析；同时，运用推断性统计分析技术对数据进行"显著性"差异或其他相关内容的检验等。因此，本书并未将其划入化学教育定性研究的范畴。

2.1.3　化学教育定性研究的质量

考虑到定性研究自身范式的特点，不少学者（Flick，2007；Guba，1981；Nielsen，1990）认为应该使用一套新的术语来评判定性研究的质量，但仍重视与定量研究的"信度"与"效度"2 个评估指标之间的联系。化学教育定性研究的质量主要可通过"值得信赖度"（trustworthiness）来评估。基于国外权威学者的建议（Kirk et al.，1986；Lincoln et al.，1985；Miles et al.，1994），笔者提出一个"值得依赖"的化学教育定性研究应具备以下 4 个特性：可稽性（dependability/auditability）、可证性（confirmability/objectivity）、可靠性（credibility/authenticity）与可迁性（transferability）。

"可稽性"关注的是若在不同时间或用不同方法开展研究，研究步骤是否具有合理的一致性或稳定性，即在一定程度上类似于定量研究的"信度"（尤其是内在信度）。Kirk 等（1986）在此基础上提出并区分 2 类信度，即同时信度（synchronic reliability）与历时信度（diachronic reliability）。前者指的是同一时间所进行的各观察之间的一致性或稳定性；后者则指历经一段时间后前后观察之间的一致性或稳定性。为了确保研究的可稽性，可考虑的问题包括但不限于（Goetz et al.，1984；Miles et al.，1994）：研究者是否清晰说明研究的有关背景信息？研究者是否详细描述研究步骤？研究者本人对数据的编码是否具有一致性与稳定性？若研究中有多位研究者，他们之间的观察与数据编码是否具有一致性？

"可证性"关注的是研究是否具有相当的"客观性"，且在一定合理范围内尽量未受到研究者的主观偏见影响。简单来说，研究结论是否基于研究对象与特定情境，而非基于研究者自身而获得，即若由不同研究者按照相同的研究步骤完成，是否能获得基本相似的结果。这种做法似乎也在强调研究的可复制程度，因此也有学者将其类比理解为定量研究中的"外在信度"。为了确保研究的可证性，可考虑的问题包括但不限于（Guba et al.，1981；LeCompte et al.，1982）：研究者是否清楚说明自身的哲学立场及其在研究中所扮演的角色？研究者是否觉察自己的价值观或预设偏见及其对研究发现的影响？所有研究数据是否保留并在合理范围内可获得，且可供其他人员另作分析？

"可靠性"关注的是研究者是否对整个研究过程作了真实的描述，以确保研究发现或结论的合理性，因此，该特性指标有些类似于定量研究的"内部效度"。为了确保研究的可靠性，可考虑的问题包括但不限于（Eisner，1991；Strauss et al.，1990）：研究者对整个研究过程描述的真实程度如何？研究者是否进行较长时间的实地研究（long engagement）？研究者所提供的理论解释是否与数据相一致，即对数据的分析、解释以及对研究发现的论证与讨论是否具有较强的说服力（或像是真的）？研究者是否采用成员检查（member checking）策略来确保描述参与者观点或感受的准确程度？研究者是否有效建立了不同研究者之间（如同行评议）、不同数据之间、不同方法之间、不同发现之间以及不同理论之间的三角互证（triangulation）？研究者是否识别或讨论研究中出现的"反面案例"（negative case）？研究者是否真的思考或讨论了其他竞争性的资料证据、理论假设、诠释角度等？是否仍存在其他合理的替代性研究发现或结论？

"可迁性"则比较接近定量研究的"外部效度"，因为它更关注的是研究发现能否迁移至其他情境，即研究发现的可类推的范围或程度问题，而类推的层次可包括将数据与理论联结的分析型类推，以及由特定个案到其他个案的个案型类推等（Firestone，1993）。为了确保研究的可迁性，可考虑的问题包括但不限于（Becker，1990；Bogdan et al.，1992）：研究中的样本选取在理论上的变异（variance）是否足够大以使研究结论具有较大推广的可能性？研究所基于的情境是否具有较强的特殊性？研究者是否对研究类推的合理范围进行相应的界定？研究发现是否与已有研究具有较好的关联性与适切性？研究是否为其他类似研究的"复制"？研究者是否对可类推的结论或理论作清晰翔实的表达？需要说明的是，化学教育定性研究一般关注的是自然类推（naturalistic generalization）的推广，即研究报告中所涉及的群体和情境需要与拟推广至的群体和情境具有相似性。与其他 3 个特性指标相比，"可迁性"的地位相对较低些（Christensen et al.，2009），这是因为定性研究最主要的目的在于深描及解释"特定"个体或群体在"特定"环境或时间的某种"特定"现象。

2.2 适用范围

化学教育定性研究主要适用于仅关注研究对象（如化学教师或学生）在化学教育教学情境中，对事物或现象已经存在或正在产生的意义的理解、看法与体验的情况，尤其适用于回答"是何""如何""为何"等更具探索性而非"是否"或"有无"的研究问题。如上所述，定性研究问题一般包括描述类问题、意义类问题、过程类问题、对话类问题以及行为类问题5 种（Morse，1994），例如：

- 化学教师的化学学科教学知识具有哪些核心组分？（属于描述类问题）
- 初中化学教师是如何看待与使用义务教育化学课程标准（2022 版）的？（属于描述类、意义类以及行为类问题）
- 高三学生是如何调用学科思维方式解决化学方程式书写问题的？（属于描述类、过程类以及行为类问题）
- 核心素养导向的高中化学课堂教学话语具有哪些特征？（属于描述类、对话类问题）
- 影响化学教师学科教学知识的因素有哪些？它们是如何影响的？（属于描述类、过程类问题）
- 造成中学生关于"物质的量"迷思概念的可能原因有哪些？它们是如何影响的？（属于描述类、过程类问题）
- 高中化学教科书中所渗透的元素观是什么？其分布具有哪些特点？（属于描述类问题）
- 新高考化学试题是如何体现化学关键能力的考查的？（属于描述类问题）

另外，比较适合使用化学教育定性研究的情境还包括但不限于：（1）研究的概念（如化学学科理解）或理论（如"化学教学理解"理论）仍处于建立初期；（2）需要界定新概念或提出新的理论，如"化学概念架构"（吴微等，2020）；（3）需要在相对新的情境或人群中开展研究；（4）强调参与者的观点对理解研究结果的重要性；（5）研究关注的是个性化或具有特殊性的而非"概括性"的经验或问题。此外，化学教育研究者在使用定性研究前，还需要综合考虑自身的哲学立场、归纳概括与论证写作能力、研究精力投入等因素。若研究者更倾向于持建构主义知识观，同时具备较强的自下而上的编码分析能力以及善于"讲故事"的写作能力，以及愿意投入足够的时间与精力完成烦琐的数据收集与分析工作，则可以优先考虑定性研究。

2.3 实施策略

受建构主义观影响，化学教育定性研究所遵循的探索性方法是"自下而上"式的理论生成途径（即"发现的逻辑"），故其一般以理论或观点模型的提出作为结尾（Creswell，2003）。与定量研究不同的是，定性研究一般较少在研究初始阶段就先提出某个有待检验的关

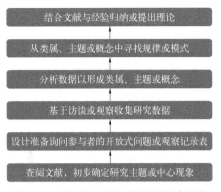

结合文献与经验归纳或提出理论

从类属、主题或概念中寻找规律或模式

分析数据以形成类属、主题或概念

基于访谈或观察收集研究数据

设计准备询问参与者的开放式问题或观察记录表

查阅文献，初步确定研究主题或中心现象

图 2.1　理论归纳的定性研究设计思路

于某些变量关系的理论，但并不反对研究者可以先对有关文献进行综述以初步确定待研究的主题或中心现象（central phenomenon）。在此基础上，研究者再相应地进行数据收集与分析工作，并尝试从中提炼出某种理论、规律或"模式"，以及将其与已有文献或以往经验进行比较再做进一步的归纳等。上述以理论归纳为导向的定性研究设计思路如图 2.1 所示。

首先，化学教育研究者可先查阅有关文献（如 TPACK 及其影响因素的实证研究）以初步确定"值得"探索的研究主题或中心现象（如"化学师范生 TPACK 的影响因素"）。与定量研究不同的是，定性研究者在该阶段不需要对文献做非常完整翔实的综述，以提出某个待验证的理论，因为定性研究者一般不会在这个阶段便"确定"所谓的研究假设或问题（一般在研究后期不再对其进行修改）。值得注意的是，定性研究的研究问题可能会在研究的过程中逐步形成或修改，甚至完全被摒弃或替代。

其次，研究者可结合研究主题或中心现象，设计用于收集数据的开放式问题（如"你认为影响你自身化学 TPACK 的因素有哪些"）或观察记录表等。然后通过开放问卷法和访谈法，如结合师范生的书面回答，具有针对性地就未具体指明的影响因素进行个别交流并收集录音数据，以便进一步确定其所指影响因素的内涵。接着，使用扎根理论法（本书第 11 章）对数据进行一级编码（如将"学校对技术方面的支持不足""学校技术资源""学校的硬件与软件条件是否提供支持"等合并为"中学的技术支持"这一因素）与二级编码（再将"中学的技术支持"与"中学教师同事关系""中学的学校教育氛围"共同并入"微观层面"这一更高阶的因素）分析。随后，在二级编码中寻找相关性，多次运用持续比较法将类别间的关系进行高级编码以得到最终类属或主题。如"教学内容""中学的技术支持""教育政策与教师考核标准"等类属主要指"外部环境"的影响，因此归入至"客观因素"主题，最终提炼得到关于化学师范生 TPACK 影响因素的理论："影响因素可分为客观因素与主观因素，其中客观因素主要包含宏观、中观及微观层面的外在因素，主观因素主要为化学师范生的知识、信念与能力"（陈灵灵等，2020）。

2.4　案例解读

为了更好地理解化学教育定性研究，这里以《职前化学教师"科学探究教学"PCK 调查研究》（罗鸿伟等，2020）为案例进行具体阐述。首先，研究者在文献综述过程中，确定中心现象为"科学探究教学 PCK"，并提出研究目的为探查科学探究 PCK 的组分及其整合水平（见图 2.2）。

接着，研究者使用开放性问卷，用于收集参与者科学探究 PCK 的 5 个组分的数据，对应的开放式问题如表 2.1 所示。表中问题 1 用于探查对科学探究的认识，让其回答出在高中化学教学中可以进行科学探究的教学内容；问题 2 则考查对学生科学探究学情（如学习困难）

PCK是"pedagogical content knowledge"的简称，意为学科教学知识，是学科内容知识和教育学知识的结合，被认为是区分专业型教师与新手型教师的重要标准，主要包括教学取向、课程知识、学生知识、策略知识、评价知识五个组分。目前国外PCK实证研究倾向于使用问卷调查法，逐渐从调查研究各成分内容发展到调查研究成分整合水平，发现教师PCK各组分水平及整合水平参差不齐；从化学学科PCK细化至化学主题PCK，发现PCK具有主题专属性。基于此，可以认为职前化学教师对"科学探究"教学的认识即为其"科学探究教学"PCK。

但是，在现有研究中，较少针对职前及在职化学教师科学探究教学认识的实证调查研究，而多为科学探究教学的应用研究。陈燕（2019）指出，由于教学经验的缺乏，职前教师对科学探究的本质理解不如在职教师，却没有对其理解进行具体阐释。另一方面，在化学主题PCK研究当中，主要针对具体的课题，比如"核反应""甲烷"等，缺乏对"化学科学与实验探究"这类大的教学主题模块的PCK研究，致使难以找出职前教师教学认识的缺漏，进而加强其科学探究教学。基于此，本研究同样利用问卷，对30位职前化学教师进行科学探究PCK实证调查研究，通过扎根理论编码分析其科学探究PCK组成成分，通过PCK量规评价其科学探究PCK整合水平，据此对我国职前化学教师培养及教师教育研究提供有效建议。

图 2.2　定性研究案例中的文献综述

的分析；问题 3 要求参与者回答如何针对这些困难选择有效策略进行科学探究教学；问题 4 用于探查参与者如何评价学生的科学探究水平；问题 5 则用于整体探查参与者的教学取向，即教学目的观与过程观。由此可见，5 个开放式问题的设计是层层相扣的，这也为后面 PCK 的整合分析做了铺垫（罗鸿伟等，2020）。

表 2.1　开放式问题设计

问卷问题	PCK 组分
1. 你认为科学探究可以渗透入哪些高中化学内容	课程知识
2. 你认为学生在科学探究方面存在哪些学习困难	学生知识
3. 你认为如何有效地在高中化学教学中渗透科学探究	策略知识
4. 你认为应如何评价学生的科学探究水平	评价知识
5. 你认为科学探究在教学中的作用是什么？请反思你的教学过程观	教学取向

然后，采用扎根理论法对关于科学探究 PCK 组分的数据进行编码分析，并对互评信度进行检验（见图 2.3）；同时采用文本分析法对科学探究 PCK 的整合水平进行编码，并讨论研究的可靠性（见图 2.4）。

再次，研究者尝试在数据分析中抽提关于科学探究 PCK 组分及其整合水平的信息。以"学生知识"组分为例，职前化学教师倾向于从科学探究的不同步骤去分析学生的学习困难。总结教师们的回答，可自下而上归纳出 8 种学生困难（如图 2.5 所示）。再以"策略知识"组分为例，研究者也将参与者所提出的教学策略自下而上地归纳为 3 类，并具体讨论 3 类策略之间的逻辑关系（见图 2.6）。此外，研究者再对职前化学教师关于所有问题的回答进行综合分析，"发现"参与者倾向于沿着问卷问题，即课程知识-学生知识-策略知识-评价知识-教学取向的路径有逻辑地进行回答。为了更清晰地了解参与者的 PCK 整合水平，研究者决定以整合路径为分析单元，将所有 30 名职前教师的回答，同样采用自下而上的方式将其 PCK 路径将由问卷得到的文本资料收集完毕并录入Excel软件后，本研究主要从两方面对数据进行描述性统计分析，一是职前化学教师科学探究PCK各组分内容，二是职前化学教师PCK科学探究整合水平。首先，对于各组分内容，使用扎根理论进行编码分析，以对问题5回答数据为例。（1）一级编码。识别文本资料中的有意义单元，初步将内涵相似的有意义单元划分为同一个类别。如将"培养团队合作解决问题的能力"归为类别5a"问题解决能力"，将"树立实践是检验真理唯一标准观念、解决社会生活问题"归为类别5b"社会参与意识"，将"熟悉常见的实验仪器以及操作"归为类别5c"实验技能掌握"，将"掌握知识点"归为类别5d"化学知识识记"等，并记录相应的分类依据。（2）二级编码。持续比较上述类别，对其内涵进行提炼最后得到二级编码类别，即最终的分类。如，5a与5b都体现出"参与社会问题讨论，解决生活中常见与化学相关问题"的内涵，因此将两者合并，定为"社会活动参与"类别等。（3）互评信度检验。另一名研究者根据编码类别对原始数据进行验证，对不一致的部分进行协商讨论并相应地修改，最终达到90%的一致性。

图 2.3　定性研究案例中的 PCK 组分数据分析

其次，对于PCK整合水平的分析，已有研究多是利用Park（2008）提出的五角形图进行分析[9]，但是这一分析方法适用于对教学实践的分析，侧重于PCK两两组分间的关系。因此本文主要在五角形图的基础上展开分析：（1）通过文本分析法确定了职前化学教师PCK整合路径，一条整合路径中教师PCK各组分以课程知识-学生知识-策略知识-评价知识-教学取向为顺序进行排列，将每一条整合路径作为一个分析单元；（2）按照路径逻辑的整合程度划分职前化学教师PCK整合水平。Aydin（2013）、李美贵（2018）将逻辑紧密的PCK整合路径定义为"包含教师了解学生困难、已有知识和掌握主题知识，然后制定教学方案从而达到教学目标或解决某一问题。教师根据学生的困难和/或课程标准的要求，并设计/重新设计符合新课程改革的教学方案"。本研究以此为基础将整合路径划分为逻辑紧密、逻辑较紧密、没有明显逻辑三类，并以所含各类型整合路径的数量为依据把PCK整合划分为高、中、低三种水平。这一过程中，研究者通过与PCK研究同行以及PCK领域的专家分别进行路径划分以及评价，不断地进行比较与讨论，最终确定PCK整合水平，以建立研究的可靠性。

图 2.4　定性研究案例中的 PCK 整合水平数据分析

科学探究步骤	学生困难示例	频次（百分比）
提出问题	学生难以提出亟待解决的问题（S27）	9（10.2%）
猜想与假设	学生无法建立模型以预测、对比选择有效证据（S7）	10（11.4%）
制定计划	学生没有办法鉴别实验中存在的变量（S22）	19（21.6%）
进行实验	学生实验操作不恰当（S17）	22（25.0%）
收集证据	学生做不到严谨求实，会随意编造数据（S29）	7（8.0%）
解释与结论	学生使用的化学语言不准确（S9）	10（11.4%）
反思与评价	学生没有进一步优化实验的意识（S14）	6（6.8%）
表达与交流	学生较少书写实验报告，不知道实验报告应如何撰写（S11）	5（5.7%）

图 2.5　定性研究案例中的"学生知识"组分类属

逻辑的紧密性具体划分为高、中、低 3 种 PCK 整合水平。在图 2.7 中，研究者还提供了几个典型个案的信息以帮助读者理解 3 种整合水平，这有助于进一步增强研究的"值得信赖度"。

整理 30 名职前化学教师对问题 3 的回答，可概括得以下 3 种教学策略。第一种策略主要侧重于穿插式课堂，18 人（60%）认为，在教学过程中，可以将理论课堂与实验课堂互相穿插，把演示实验拓展与修改为探究实验，组织多样化的探究活动，注重"引导"学生进行思考、"鼓励"学生进行探究、"激发"学生学习兴趣，给予学生更多进行科学探究的机会。与第一种策略相比，第二种策略更加关注情境创设。28 人（93%）提及创设与生活问题相结合的情境，可以联系化学史，或是以问题驱动的形式进行科学探究教学。譬如，有教师提出：选择以有意义的具体任务为中心的科学探究，在大任务中应包含连续的有层次性的小任务，以呈现任务、明确任务、完成任务、评价任务为主要结构的教学模式。在前两种策略的基础上，第三种策略补充了小组合作的教学方式。有 15 人（50%）提出，以小组为单位，创设适宜探究的学习环境，并且进行预探究实验，预估在教学中会出现的问题并做相应的准备。这些相关的教学策略术语都在"化学教学论"课程中有所呈现，可以认为职前化学教师教学策略知识的了解主要来源于大学课堂。

图 2.6 定性研究案例中的"策略知识"组分类属及其逻辑关系

水平	定义	PCK 整合示例
高水平整合	该水平下的 PCK 整合，应包含至少三条逻辑紧密的 PCK 整合路径，在路径当中，教师紧密结合核心素养内容阐述科学探究的教学目标，据此分析学生的已有水平与学习困难，并使用符合新课改要求的教学策略，对教学目标使用适合的评价方法一一进行评价，且在上述整合中与自身的教学取向相适应	• 课程知识：科学探究可帮助学生认识化学与人类生活的密切关系，关注人类面临的与化学相关的社会问题，可渗透进脱氧剂有效成分的教学当中。 • 学生知识：学生已有一定的提出与生活相关问题的能力，但是提出的问题不够深刻，不能通过实验或经验解决。 • 策略知识：教师在科学探究中注意联系实际，开阔思路，拓宽学生的视野，从学生已有经验和将要经历的社会生活实际出发，帮助学生认识化学与人类生活的密切关系，关注人类面临的与化学相关的社会问题。 • 评价知识：进行认识客观事物、解决实际问题的综合性的终结性评价，评价学生通过观察与思考而提出的探究问题是否有价值、是否触及事物的本质等。 • 教学取向：培养学生的社会责任感、参与意识和决策能力。以学生-建构为中心、教师-传授为辅，主张教师为学生提供具体的情境，由学生自己在情境中探索发现、理解学习新知识（S5）
中水平整合	该水平下的 PCK 整合，包含一到三条逻辑较紧密的 PCK 整合路径，在路径当中，教师参考核心素养的内容制定科学探究的教学目标，对学生学情进行分析，使用较适切的教学策略以及评价方法进行教与评，且上述整合与自身的教学取向较一致	• 课程知识：原电池的构成条件。 • 学生知识：学生了解科学探究的步骤，对实验操作较为熟悉，能模仿书本的步骤设计实验方案，但是在思维方法的运用、装置的设计以及收集处理数据上存在困难。 • 策略知识：课堂教师引导学生合理发散思维，课堂中适时给出不同实验条件，让学生通过其他方案进行科学探究，课外实践鼓励学生动手探究。 • 评价知识：让学生录制实验过程的视频，然后对视频中学生展现出的实验技能进行评价。 • 教学取向：培养学生单一变量预演实验的思维方法，亦能培养学生证据推理与模型认知的素养，让学生成为课堂的主人，尝试翻转课堂的形式（S22）
低水平整合	该水平下的 PCK 整合，没有明显的 PCK 整合路径体现，PCK 各组分联系不明显，而且未能较好地结合新课标进行阐述	• 课程知识：氢氧化铝与碱的反应。 • 学生知识：学生已有实验基本操作的能力，但是对实验准备不充分，没有提前设计好实验方案以及实验装置。 • 策略知识：平时教学时不要一味告诉学生知识，多抛出问题给学生，让学生学会思考，学会质疑，学会提出自己的疑问。对于学生遇到的困难、提出的问题，多引导学生自主思考。 • 评价知识：通过学生的实验报告，或者对学生进行随机访问，了解学生对实验过程的具体意外是如何解决的，通过考试或练习对学生进行评价。 • 教学取向：科学探究可以培养学生的思维，以学生为中心（S19）

图 2.7 定性研究案例中的 PCK 整合水平类属及其逻辑关系

最后，研究者基于上述类属与模式尝试归纳相应的研究结论，即所"发现"或生成的"理论"：通过调查30名职前化学教师"科学探究"PCK，发现职前化学教师"科学探究"PCK各成分水平参差不齐，其中课程知识组分与学生知识组分水平较低，而其整合以中、低2种水平为主。

2.5　优势局限

化学教育定性研究主要具有以下特点或优势：（1）翔实性，能翔实记录研究过程，并提供来自少数个体观点或感受的详细信息，有助于他人更充分地了解研究的细节；（2）共情性，突显参与者的观点，并在与参与者的互动过程中保持移情立场，即通过表现出开发性、敏感性、尊重、重视和积极回应，寻求感同身受的理解；（3）独特性，强调个案的独特之处，主张积极捕捉每个个案的细节，做到能基于参与者自己的意义分类，同时保证跨个案研究的质量；（4）情境性，将研究结果置于特定的社会历史情境中，即让参与者的个体经验在其所处的特定情境中得到理解与诠释，同时对研究过程保持开放性，如不进行人为操控或设定某些限制，更好地体现研究的真实性与动态发展性；（5）系统性，将所研究的整个中心现象视为一个复杂系统，并关注系统内部各要素之间的相互关系及其发展动态。

然而，化学教育定性研究也存在一些局限性：（1）数据收集与分析相对耗时耗力；（2）样本数量一般较少；（3）研究程序的标准化程度较低；（4）研究结果的主观性相对较强；（5）外推或类推能力比较有限。

 要点总结

化学教育定性研究可理解为化学教育研究者基于建构主义知识观，遵循探索性科学方法（如将重点放在理论归纳或意义生成上），在研究中通过收集非数值型数据以回答"是何""如何""为何"等研究问题的研究范式或方法论。

可根据具体研究目的、研究问题类型、研究数据性质的不同对定性研究进行分类。常见的化学教育定性研究主要包括个案法、观察法、访谈法、扎根理论法等。

化学教育定性研究的质量可通过评估以下4个特性指标：可稽性、可证性、可靠性与可迁性，它们在一定程度上分别对应定量研究的内在信度、外在信度、内部效度与外部效度。

化学教育定性研究主要适用于仅关注研究对象在化学教育教学情境中，对事物或现象已经存在或正在产生的意义的理解、看法与体验的情况，尤其适用于回答更具探索性而非具有二元论特点（yes/no）的研究问题。另外，它也特别适用于探讨描述类、意义类、过程类、对话类以及行为类等定性问题。

化学教育定性研究的实施主要采用理论归纳设计思路。一般而言，研究者需要先（基于文献）初步确定待研究的主题或中心现象，再据此收集与分析数据，然后尝试从中提炼出某种理论、规律或"模式"，最后将其与已有文献或以往经验进行比较再做进一步的归纳等。

化学教育定量研究的主要特点或优势包括翔实性、共情性、独特性、情境性与系统性等。

然而，它也存在某些局限性，如数据收集与分析相对耗时耗力；样本数量一般较少；研究程序的标准化程度较低；研究结果的主观性相对较强；外推或类推能力比较有限；等。

 问题任务

请简述你对建构主义的理解，并对比分析自身的哲学立场。

请基于化学教育研究领域，举例说明"中心现象"的含义。

请简述在化学教育定性研究过程中应如何提高研究的"值得信赖度"。

在化学教育研究实践中，你认为可通过哪些途径尽可能克服定性研究自身的局限性？

请与同伴一起通过列表的方式讨论化学教育定量与定性研究二者的区别与联系。

任选一篇化学教育定性研究论文，结合理论归纳设计思路分析该论文中的设计方案，并与同伴讨论。

请在导师的指导下，同时结合你自己的研究兴趣，拟定一个研究主题，然后尝试基于理论归纳设计思路，初步完成一个定性研究的设计方案。

 拓展阅读

Creswell J W. Research design：qualitative，quantitative，and mixed methods approaches[M]. 2th ed. Thousand Oaks，CA：Sage Publications，2003.（理论与方法）

Denzin N K，Lincoln Y S. The SAGE handbook of qualitative research[M]. 5th ed. Thousand Oaks，CA：Sage Publications，2018.（理论与方法）

陈向明.质的研究方法与社会科学研究[M].北京：教育科学出版社，2000.（理论与方法）

余淞发，邓峰，李艾玲.化学师范生对化学本质及其教学的认识研究[J].化学教育，2019，40(18)：48-53.（定性研究方法的具体应用）

邓峰，段训起，钱扬义等."国培计划"中学化学骨干教师PCK的实证研究——以"析氢腐蚀和吸氧腐蚀"为例[J].化学教育，2020，41(17)：72-78.（定性研究方法的具体应用）

李美贵.化学师范生PCK的整合研究——以"电解质的概念"为例[D].广州：华南师范大学，2018.（定性研究方法的具体应用）

第3章

化学教育混合研究方法

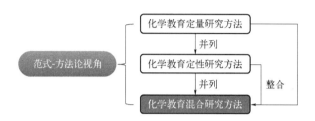

【课程思政】不管黑猫白猫，能捉老鼠的就是好猫。

——邓小平

 本章导读

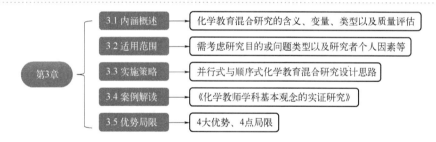

通过本章学习，你应该能够做到：

- 简述化学教育混合研究的含义
- 区分不同类型的化学教育混合研究，并能说明各自的特点
- 简述化学教育混合研究的质量评估方法
- 辨识化学教育混合研究的适用范围
- 简述化学教育混合研究的实施策略
- 说出化学教育混合研究的优势与局限性
- 初步设计化学教育混合研究

3.1 内涵概述

作为与定量和定性研究并行的一种研究范式，混合方法研究（mixed method research，MMR）一般指研究者基于实用主义（pragmatism）的视角，通过定量与定性研究方法收集与分析数据来建构知识的研究方法类型。该研究范式自20世纪80年代以后逐步受到国内外不少教育研究者的青睐（如：李刚等，2016；Bergman，2010；Mertens，2008；Morse et al.，2009），相应也产生各种不同的术语，例如"多重方法研究（multi-method research）""混合的方法研究（mixed methods research）"与"混合方法论（mixed methodology）"。在本书中，笔者将这些术语视为可互换的同义词，并统一使用近来较多使用的"混合研究（mixed research）"（Tashakkori & Teddlie，2003）来表示。

实用主义倾向于强调"问题解决"的价值，即关注"什么有用"以及问题的解决办法（Patton，1990）。换言之，"问题"比"方法"更重要；研究者则应运用各种方法以成功解决问题（Rossman et al.，1985；Tashakkori et al.，1998）。相应地，实用主义导向的研究则强调应使用所有"有用"的方法（如定量或定性研究方法）来解决研究问题，而选择避免讨论定量与定性2种研究方法背后的哲学假设（如后实证主义与建构主义）是否存在冲突的问题，即范式的不可通约性（incommensurability）（Onwuegbuzie et al.，2006；Pring，2000）。持实用主义研究者普遍认为混合研究不仅能有效整合定量研究与定性研究的优势（详见本书第1、2章），还能较好地克服二者自身的局限性。对他们而言，社会科学研究或教育研究具有较大的包容性，故可考虑整合定性研究与定量研究两种研究范式，以得到比任何一种单独的方法都更全面的认识（Creswell et al.，2011），从而更好地回答研究问题。

3.1.1 化学教育混合研究的含义

近年来，学者们从不同视角对"混合研究"进行定义，有关视角包括哲学、方法论、研究目的、研究设计、具体的数据收集与分析方法、混合的适用范围等（Creswell et al.，2011；Greene et al.，1989；Johnson et al.，2007；Tashakkori et al.，1998）。譬如，Johnson等（2007）从方法论角度提出了一个较具综合性的定义：

混合方法研究是研究者或研究团队整合定性与定量研究方法要素（如使用定性与定量的研究视角、数据收集与分析方法）的一种研究类型，以拓展理解与论证的广度与深度。

此外，Creswell等（2007）同时从哲学、方法论、研究设计、具体方法层面对其进行定义：

混合方法研究是一种涉及哲学假设和调查方法的研究设计。作为一种方法论，它涉及一些哲学假设，而这些假设在多个研究阶段指导着数据收集与分析以及定性与定量研究方法的整合。作为一种方法，它关注的是单个或系列研究中定性与定量数据的收集、分析与混合。它的中心前提是：比起单独使用定性或定量研究方法，整合使用2种方法能更好地回答研究问题。

综合上述定义视角，化学教育混合研究可理解为研究者基于实用主义知识观，采用并行法或顺序法的策略，将定量研究与定性研究的方法或技术混合或整合使用，以收集数值型与非数值型两种数据，回答化学教育研究问题的一种研究范式或方法论。从本体论层面看，化学教育混合研究既承认"现实"是客观且可近似测量的（定量研究的观点），同时也不否认"现实"是通过个体的社会经验建构的（定性研究的观点），即它较少关注定量研究与定性研究在哲学假设方面的本质差异（如真理的绝对性与相对性）。从认识论层面看，化学教育混合研究者需要思考通过哪些"证据"来描述"现实"。从方法论层面看，他们需要采用哪些数据收集方法。从价值论层面，他们更多关心所采用的方法能否有效地回答化学教育研究问题（Creswell，2003）。

总体来说，"化学教育混合研究"这一概念可从以下 5 个方面进行解读：（1）它是对化学教育定量与定性研究 2 种方法论的混合使用；（2）定量与定性方法的混合可能具有多种方式（如并行式、顺序式等，详见 3.1.2）；（3）定量与定性方法的混合可发生在化学教育研究过程的任何一个甚至所有阶段（如研究问题的提出、文献综述、研究设计、数据收集与分析以及研究结论的提炼等）；（4）混合研究的目的在于"取长补短"地发挥定量与定性 2 种方法的优势，以更全面地认识化学教育事务或现象或更深入地回答化学教育研究问题；（5）基于多种视角、理论与方法来认识研究对象，是化学教育混合研究的主要优势，该观念也与其他类型研究所基于的原则不谋而合，即使用不同来源的证据（包括理论、方法与数据等）来论证或支持研究者的论断。

譬如，研究者已经通过定量研究方法（如实验型定量研究）获得关于某种化学教学模式（如概念图教学）有助于增强学生化学概念理解的有力证据（如实验组学生在化学概念理解上的表现显著优于对照组），然而该证据只能回答该教学模式是否比另一种模式（如讲授式教学）更好，并未能提供关于为何该模式更有效以及它如何促进学生概念理解的信息。为此，研究者仍需要采用定性研究方法（如个案研究法、参与观察法、深度访谈法等）收集其他非数值型数据，以获得学生的真实想法和意义。

3.1.2 化学教育混合研究的类型

国内外不少学者在 MMR 的分类框架方面提出许多有益的建议或做法（如：Greene，2007；Hesse-Biber，2010；Morse et al.，2009）。譬如，Teddlie 等（2006）将混合研究设计划分为 5 类，即并行式（parallel）、顺序式（sequential）、转换式（transformative）、多层式（multilevel）以及完全式（fully integrated）。其中，并行式指研究者同时（或在时间上有重合）收集定量与定性研究数据，以回答同一研究问题的不同方面，即实现了方法或数据方面的三角互证。顺序式指定量与定性研究方法在执行的时间上具有先后顺序，尤其上一个研究方法的结果会影响或决定下一个研究方法的实施及其试图回答的问题。若定量研究先于定性研究，这类设计属于"解释导向"（explanatory）的顺序式设计，即研究者先通过收集并分析定量研究数据以论证或检验某个理论，然后再通过定性研究数据进一步说明或解释定量研究结果（如辅以某些个案的具体证据）。若定性研究先于定量研究，该类设计则属于"探索导向"（exploratory）的顺序式设计，即研究者先通过定性研究探索某种现象并得到某个"理论"，再通过定量研究检验该理论以及试图推广。转换式指的是先收集一种类型的研究数据，再将其通过编码转换为另一类型数据的设计。多层式设计则强调针对不同的样本群体使用不同的研究方法，如在研究中学生科学本质观时，可在"学生"层级使用定性研究方法，而在"教师"层级使用定量研究方法收集与分析数据；在实施时，"学生"与"教师"两个层级的研究方法可以是并行式或顺序式的。完全式则指在混合研究的每一个阶段（如问题提出、数据收集与分析、结果解释等阶段），定量与定性研究方法相互影响并共同回答研究问题。

为了更清晰地梳理不同 MMR 分类框架的本质，Creswell（2003）提出了在选择混合研究策略时需要考虑的 4 个决定性因素，即实施、优先、整合与理论视角。其中，"实施"指上述并行式（同时进行）与顺序式（按先后顺序进行）两种设计。"优先"指的是给予哪种研究方法（定量或定性）更多的权重，而以另一种研究方法为补充或辅助，可分为同等、定量优先与定性优先 3 种情况。"整合"指的是在研究过程某个、某些或所有阶段（如数据收集、分析或解释阶段）对定量与定性研究方法的综合使用。"理论视角"则指是否需要使用某个宏观的理论框架来指导整个混合研究的设计，可分为显性使用与隐性使用两种情况。

考虑到化学教育研究的实际，结合 Christensen 等（2009）提出的矩阵分类思想，笔者决定采用相对简化的"范式重心-实施时间"二维矩阵来划分化学教育混合研究。其中，"范式重心"维度包括平行同等、定量主导与定性主导 3 种情况；"实施时间"维度分为并行式与顺序式 2 种情况——构成了 3×2 矩阵，即得出 6 种组合单元（见图 3.1）。为了更好地理解这 6 种组合方式中的具体设计，这里改编 Morse（1991）所提出的符号系统进行说明：（1）字母 QUAN 或 quan 表示定量研究，字母 QUAL 或 qual 表示定性研究；（2）大写字母表示主导或优先（priority），小写字母表示非主导或次优先；（3）"&"表示并行定量与定性两种方法（如数据收集）同时进行；（4）"→"表示两种方法（如数据收集）相继实施。譬如，"QUAN & QUAL"这一符号组合表示，该混合研究设计中的定量与定性两种范式具有同等重要的地位（均为大写字母的形式），并且化学教育研究者是以并行的方式（& 的含义）实施研究的。"QUAN→qual"这一组合表示，定量范式是该研究中的主导范式或优先范式（大写字母的形式），而定性范式属于非主导或次级范式（小写字母的形式），并且化学教育研究者在实施过程中先完成定量研究再开展定性研究。

项目	平行同等	定量主导	定性主导
并行式	QUAN & QUAL	QUAN & qual	QUAL & quan
顺序式	QUAN→QUAL QUAL→QUAN	QUAN→qual qual→QUAN	QUAL→quan quan→QUAL

图 3.1 化学教育混合研究分类矩阵

3.1.3 化学教育混合研究的质量

研究混合方法的学者们均非常重视研究质量的保证，并结合不同学科领域的特点，提出评估混合研究质量的框架或指标。譬如，O'Cathain（2010）从具体项目实施的层面提出了一种主要用于评估卫生服务领域的质量概念框架：（1）质量的一般问题应根据不同混合设计类型的特点考虑相应的质量标准；（2）质的专属问题指所涉及的定量与定性研究部分须各自坚持并保证严谨的质量标准；（3）混合研究部分需有自身质量的评判标准。考虑到与定量或定性研究质量评估的统一性，Creswell 等（2018）提倡使用"混合方法研究效度"这一概念，用于评估教育学与教育心理学等领域的混合研究质量。然而该概念更多强调的是从方法层面分别评估定量和定性两个部分的内部质量。此外，部分学者则建议使用"合理性"（可与"效度"交替使用）概念以进一步兼顾方法论层面的质量评估。具体来说，该概念包括但不限于以下评估指标：内部-外部合理性、范式/哲学合理性、近似通约合理性、劣势最小化合理性、序列合理性、转换合理性、整合合理性、实践合理性以及多重效度合理性等（Johnson et al.，2016；Onwuegbuzie et al.，2006）。

基于以上学者的观点，笔者提出化学教育混合研究的质量主要包括定量研究内部的质量、定性研究内部的质量、定量与定性两种方法整合的质量 3 个部分，并建议结合上述"合理性"概念框架进行质量评估。考虑到化学教育研究自身的特点、一线化学教育或教学研究实际情况以及化学教育研究者的整体研究素养等因素，笔者建议可同时从范式通约合理性、优势互补合理性、实施整合合理性、多元保证合理性共 4 个指标评估化学教育混合研究的质量（见表 3.1）。其中，范式通约合理性与优势互补合理性 2 个指标主要关注的是混合方法论层面的质量，实施整合合理性侧重混合方法层面的质量，而多元保证合理性则强调通过多种信度与效度指标保证单独定量或定性研究方法内部的质量。

表 3.1　化学教育混合研究的"合理性"指标

指标	描述
范式通约合理性	研究者能清楚知道化学教育定量、定性与混合研究 3 种研究范式的哲学假设，并能对其可通约性进行有关讨论 研究团队须具有化学教育定量、定性与混合研究方面的专业知识
优势互补合理性	研究者能充分利用化学教育定量与定性研究的优势进行有效互补 研究者能尽量避免化学教育定量与定性研究的劣势重叠
实施整合合理性	研究问题整合的合理性 混合研究设计的合理性（见图 3.1 的 6 种设计组合） 样本选取整合的合理性（如随机抽样与目的抽样整合） 数据收集整合的合理性 数据分析整合的合理性（包括不同类型数据之间的转换） 解释结论整合的合理性
多元保证合理性	化学定量研究的多种信度与效度指标（见本书第 1 章） 化学定性研究的多种"值得信赖度"指标（见本书第 2 章）

3.2　适用范围

如本书前 2 章所讨论的，化学教育定量与定性研究均有其适用范围，化学教育混合研究也有相应的适用范围。具体来说，化学教育混合研究主要适用于以下 4 种情况。

（1）研究者试图同时回答"是否"或"有无"（定量取向）以及"是何""如何"或"为何"（定性取向）等研究问题。

（2）研究者所收集的数据来源不够充分，或为了利用另一种方法深化或拓展化学教育研究，研究者可考虑使用非数值型数据来增强定量研究设计（如相关性研究或实验研究），如在运用概念图教学时学生的化学概念理解能力显著优于讲授式教学班学生的定量研究结果后，研究者可通过深度访谈的方法收集数据以进一步探索为何概念图教学更有助于增强学生对化学概念的理解。类似地，化学教育研究者也可以考虑收集定量数据来增强定性设计（如个案研究）。

（3）化学教育研究者试图推广探索性研究的结果，有时候研究者对某个概念或主题（如"化学学科理解能力"）可能并不太清楚，如尚未弄清它的内涵以及可通过哪些变量来测量。在这种情况下，研究者可以先通过定性研究了解哪些理论、问题以及变量等内容需要研究，然后再通过定量研究来推广或检验前期探索的结果。

（4）研究者或研究团队具有丰富扎实的化学教育定量、定性与混合研究方法论方面的专业知识，尤其致力于解决化学教育或教学方面的实际问题。

3.3 实施策略

受实用主义观影响，化学教育混合研究既遵循"自上而下"式的理论检验途径（即"证明的逻辑"），同时也遵循"自下而上"式的理论生成途径（即"发现的逻辑"）。基于国内外学界（董艳，2020；Teddlie et al.，2006）对混合方法研究步骤的建议，笔者提出化学教育混合研究的实施流程可包括研究目的或问题的确定、混合方法适宜性的论证、混合设计方式的选择、两类研究的数据收集、两类研究的数据分析、数据的不断验证以及数据的不断解释与整合共7个步骤。虽然每个步骤均标有序号（见图3.2），但研究者未必完全严格遵循该线性顺序，且某些步骤之间可能存在多向循环（尤其是步骤4至步骤7，甚至可能在研究过程中需要修改研究问题）。

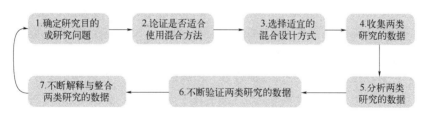

图 3.2　化学教育混合研究的实施步骤

步骤1：确定研究目的或研究问题。与化学教育定量与定性研究相似，混合研究也是始于特定的研究目的或具体研究问题。研究目的或问题主要基于对文献的梳理与分析，或是以化学教育教学实际为基础。对于某个单独的研究，研究问题可以同时包括定量与定性研究问题；若对于涉及2个阶段的研究计划，尤其当第2个阶段的研究需要以第1个阶段的研究为基础时，研究问题需要分阶段来提出。

步骤2：论证是否适合使用混合方法。在确定了研究问题后，化学教育研究者需要考虑是否适合运用混合方法来回答这些研究问题。譬如，待回答的研究问题是否同时包括"是否"或"有无"（定量取向类）与"是何"、"如何"或"为何"（定性取向类）等类型的问题。另外，研究者或研究团队是否同时具备足够的有关化学教育定量、定性与混合研究方法的知识或经验。此外，研究者需要能够合理论证为何要使用混合方法。

步骤3：选择适宜的混合设计方式。在决定使用混合研究后，研究者需要结合研究目的或具体研究问题来考虑具体的混合设计方式，详见图3.1中的6种组合方式。譬如，研究者在尝试开发定量工具以测查化学教师的化学基本观念之前，可能需要先采用定性研究方法初步获得关于教师化学基本观念的内涵或构成。这时，研究者可以考虑使用"QUAL→QUAN"组合，即"平行同等-顺序式"设计方式。

步骤4：收集两类研究的数据。混合设计方式的确定则相应地决定所要收集的数据有哪些，如何选取样本，以及如何落实数据的收集工作等。这时，化学教育研究者可以根据具体研究的需要，采用定量和定性研究中的各种样本选取的方法，包括可用于定量研究部分的随机抽样方法（如分层抽样法、系统抽样法）与用于定性研究部分的非随机抽样方法（如方便抽样法、目的抽样法、滚雪球抽样法）。需要说明的是，两类研究的数据既可以在同一样本中收集，也可从不同的样本收集。另外，具体数据收集方法可综合使用观察法（见第5章）、访谈法（第6章）与量表法（第8章）等。

步骤5：分析两类研究的数据。在完成两类研究的数据收集工作后，研究者需要对数据进行分析，而分析途径大致可分为2种。第一种途径为使用统计分析（包括描述性与推断性分析）方法分析定量研究的数据，或使用扎根理论法（见第11章）或内容分析法（第12章）等分析定性研究的数据。第二种途径为将定性研究所收集的数据进行量化转换（如将学生的科学本质观访谈数据用频次或百分比表示），或将定量研究的数据进行质化转换（如根据学生在测试卷上的定量得分值对应转换为相应的定性等级）。

步骤6：不断验证两类研究的数据。在初步完成数据分析工作后，化学教育研究者需要结合上述"多元保证合理性"（见表3.1）不断验证两类研究的数据，如检验定量研究的信度与效度（详见第1章），同时检验定性研究的可稽性、可证性、可靠性与可迁性（详见第2章）。在化学教育混合研究中，建立与评估合理性（包括范式通约合理性、优势互补合理性、实施整合合理性等）是一个循环往复且持续进行的过程，因为初期的数据验证或质量评估可能会引发后续更进一步的数据收集及分析。

步骤7：不断解释与整合两类研究的数据。对数据的解释与整合其实很有可能在数据收集结束时就已经发生，且这一步骤将持续贯穿于整个研究过程中。对于并行式混合设计方式，研究者可以根据研究目的或问题，分别解释定量研究与定性研究的数据，也可以同时解释二者。一般而言，研究者可以在数据解释过程中尝试对数据进行不同视角的整合，如探寻数据的共同指向、不一致甚至矛盾之处。对于顺序式混合设计方式，研究者在先完成的研究中所做的数据解释工作将有助于指导或推动后续研究的数据收集、解释与整合工作。

3.4 案例解读

为了更好地理解化学教育混合研究，这里以笔者所指导的硕士学位论文《化学教师学科基本观念的实证研究》（王西宇，2021）为案例作具体说明。首先，研究者在文献的基础上发现已有研究可能存在的不足（见图 3.3），并据此提出相应的研究问题与目的（见图 3.4）。

由以上梳理可知，国内外关于化学基本观念的水平测查研究大多是以高中生为测查对象，缺乏以化学教师（职前与在职）为对象的实证研究；在测查工具上多以（半）开放性问卷调查与访谈调查为主，缺乏量表型问卷；在测查内容上以单一组分测查为主，缺少多组分的整体性测查。综合考虑化学基本观念的影响因素与发展策略，国内外研究较多从内部因素出发考量学生化学基本观念的培养，较少探查"教师"这一外部因素对学生观念形成的影响。另外，大多数学者提出采取"隐性"的内驱型策略发展化学教师的学科观念水平，而相对显化的学科基本观念培训或讲座等活动，也可以帮助化学教师（职前与在职）联系自身教学实际，增强在化学课堂中融入化学基本观念的意识，从而使得化学教师加强自身对化学基本观念的整合。

纵观国内外化学基本观念的实证研究可以发现，近年来虽然已有部分学者关注到以上的空缺，并采用量化研究设计测查大样本的化学基本观念，然而可能存在以下不足：（1）由于数据收集的难易程度，大样本的测查基本均以高中生为对象；（2）测查工具的信度与效度可能不高；（3）未对化学基本观念的多个组分进行整体测查；（4）缺乏对不同教学经验化学教师（职前与在职）单一组分水平及整体水平的定量测查。

图 3.3　混合研究案例中的文献综述（节选）

基于以上对理论研究与实证研究的述评，确定了本文的 3 个独立研究，6 个研究问题。

RQ1：职前教师化学基本观念的内涵如何？

RQ2：职前教师化学基本观念的理论结构如何？

RQ3：研究一得出的理论结构是否可以得到职前教师样本数据的支持？

RQ4：职前教师化学基本观念的水平如何？

RQ5：研究一得出的理论结构是否可以得到在职教师样本数据的支持？

RQ6：在职教师化学基本观念的水平如何？

其中，研究一旨在利用职前教师的《化学基本观念开放性问卷》定性数据，基于扎根理论对职前教师化学基本观念的内涵与结构进行探查，并采用文献分析法从理论层面建构职前化学教师学科观念的结构模型；基于研究一提出的理论模型，设计出《化学基本观念量表》，研究二和研究三分别用职前教师与在职教师的定量数据检验上述观念结构的合理性，并且测查两者学科基本观念的水平。

图 3.4　混合研究案例中的研究问题

为了回答研究问题，研究者采用"QUAL→QUAN"组合（即"平行同等-顺序式"）方式设计混合研究，并分别收集两类研究的数据（见图3.5），然后采用前述第一种分析途径，即先使用扎根理论法分析定性研究阶段的数据，再使用统计分析法（如探索性与验证性因子分析方法）分析定量研究阶段的数据，数据分析及结果样例如图3.5、图3.6、图3.7与图3.8所示。

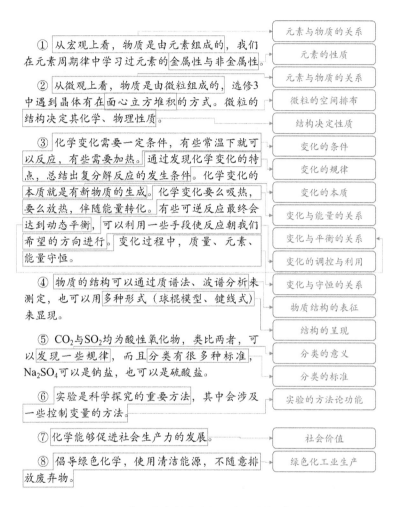

图3.5　混合研究案例中定性研究的数据编码分析

接着，研究者也对定性研究与定量研究的数据进行验证，尝试建立混合研究的合理性，尤其是"多元保证合理性"维度。例如，研究者主张通过持续比较法（见图3.9）与文献关联法（见图3.10）来分别建立定性研究部分的可靠性与可迁性（详见第2章）。另外，研究者还通过检验内部一致性信度（见图3.11）与工具效度（见图3.12）等来评估定量研究部分的质量。最后，研究者对两类研究的结果进行整合并提出相应的结论（见图3.13）。

节点序号	节点名称	材料来源	参考点	实例
1	物质是由元素组成的	65	69	PT01: "从宏观上看，物质均是由元素组成的"
2	元素的定义	25	27	PT13: "元素是质子数相同的一类原子的总称"
3	元素的价态	9	9	PT07: "某一个元素会出现多种价态，譬如氧元素有-2、-1、0价"
4	元素的性质	42	51	PT38: "我们在元素周期律中学习过元素的金属性与非金属性"
5	物质是由微粒构成的	46	55	PT55: "微观意义上说，物质是由微粒构成的"
6	微粒的空间排布	21	22	PT12: "选修3中提到晶体存在面心立方堆积等堆积形式"
7	微粒的相互作用	52	63	PT47: "分子间作用力、氢键、离子键、共价键都是微粒间的作用力"
8	微粒的性质	8	8	PT36: "亚铁离子既具有还原性，也有氧化性，但会以一种性质为主"
9	微粒的种类	33	34	PT78: "微粒有很多种类：质子、中子、原子、分子、电子等"
10	微粒可分可测可量	12	12	PT16: "分子是保持物质化学性质的最小粒子，分子可以分为原子"
11	微粒是有间隔的	13	13	PT46: "分子间存在空隙"
12	微粒是运动的	30	32	PT67: "分子在永不停息地作无规则运动，布朗运动"
13	变化的本质	48	71	PT73: "宏观上来说，化学变化的本质是新物质生成"
14	变化的方向	10	10	PT24: "可以利用焓变与熵变判断化学反应是否能够自发"
15	变化的规律	16	16	PT03: "通过发现化学变化的特点，总结出复分解反应发生的条件"
16	变化的过程	20	23	PT35: "变化中会存在过渡态，或者说有中间产物生成"
17	变化的快慢	5	6	PT23: "化学反应速率描述的就是化学反应的快慢，是一个平均速度"
18	变化的条件	46	49	PT69: "有些反应可以常温下进行，有些可能需要加热"
19	变化的调控与利用	18	19	PT24: "可以利用一些手段，使化学反应朝着人们希望的方向进行"
20	变化与能量的关系	34	36	PT08: "化学变化要么是吸热，要么就放热"
21	变化与平衡的关系	46	51	PT11: "有一些化学反应是可逆反应，会存在平衡状态"
22	变化与守恒的关系	77	120	PT37: "氧化还原反应中，得失电子一定守恒"
23	物质结构的表征	2	2	PT74: "可以利用质谱法与波谱分析对有机物的结构进行测定"
24	物质结构的呈现	10	11	PT03: "有机物结构可以通过结构式、比例模型、球棍模型来呈现"
25	物质结构与性质的关系	71	80	PT36: "原子的结构决定其化学性质，看最外层电子数"
26	分类的标准	55	55	PT13: "对于硫酸钠而言，既可以看成钠盐，也可以看成是硫酸盐"
27	分类的意义	42	46	PT47: "分类之后，可以帮助我们类比，比如 CO_2 与 SO_2"
28	实验的认识论功能	67	72	PT05: "做实验可以加深我们对物质性质的认识"
29	实验的方法论功能	16	16	PT68: "实验过程中会涉及一些控制变量的方法"
30	实验的教学论功能	14	16	PT24: "化学实验能够创设新颖的教学情境"
31	社会价值	61	64	PT44: "化学能够促进社会生产力的发展"
32	社会责任感	48	51	PT44: "通过化学的学习，我想要为社会做出自己的贡献"
33	绿色化工业生产	76	80	PT16: "工业生产不能随意排放三废"
34	绿色化教学实验	7	7	PT63: "做实验时，不能浪费药品，要养成节约的习惯"
35	化学三重表征	9	10	PT58: "化学中存在宏观-微观-符号这样的化学语言"
36	化学知识的来源	19	19	PT16: "化学知识可以通过教师传授，也可以通过网络资源获取"
37	化学知识的论证	15	16	PT08: "化学理论的产生需要严密的论证，并且需要不段推陈出新"
38	化学知识的评价	11	11	PT78: "有一些化学知识不一定正确，需要讨论或者利用实验验证"
39	化学知识的性质	22	24	PT16: "化学知识是不断进步的，每一年代都有标志性的理论"

图 3.6　混合研究案例中定性研究的数据量化转换与描述分析
(PTn 表示职前教师序号)

因子	观念类型	M	SD
一阶因子	元素观	6.37	1.02
	微粒观	6.33	0.92
	变化观	6.22	1.08
	分类观	5.54	1.22
	实验观	5.81	1.07
	社会观	6.11	0.98
	绿色观	6.27	0.86
二阶因子	"本体-知识类"观念	6.31	0.87
	"认识-方法类"观念	5.67	0.98
	"社会-价值类"观念	6.19	0.80
三阶因子	化学基本观念	6.06	0.67

图 3.7 混合研究案例中定量研究数据的描述性统计分析
M 为题项平均分；SD 为题项得分的标准差。

假设路径	标准化路径系数	p	是否支持假设
变化观<——"本体-知识类"观念	0.78	***	是
元素观<——"本体—知识类"观念	0.80	***	是
微粒观<——"本体-知识类"观念	0.90	***	是
分类观<——"认识-方法类"观念	0.68	***	是
实验观<——"认识-方法类"观念	0.71	***	是
社会观<——"社会-价值类"观念	0.71	***	是
绿色观<——"社会-价值类"观念	0.80	***	是

图 3.8 混合研究案例中定量研究数据的推断性统计分析
p 值反映各假设路径的显著性，＊＊＊表示 $p < 0.001$，表示该路径具有良好的显著性。

　　三级节点（孙节点）编码要求对收集的开放性问卷进行逐字逐句的解读与手动编码。其主要步骤为：（1）当问卷中出现新的观点时，则将该文本创建为新的节点；（2）当问卷中出现了与先前节点表达类似或观点相近的文本时，可将其合并到已有节点；（3）一直到不再出现新的节点时，三级节点的编码工作才可告一段落。

图 3.9 混合研究案例中定性研究可靠性的检验

　　词语云中出现的"变化""实验"等词频次很高，一些词汇能够高度概括某些范畴相近的节点，且能够较准确地凝练化学基本观念，与已有文献得出的化学基本观念具有较高的一致性。

图 3.10 混合研究案例中定性研究可迁性的检验

量表的信度主要通过内部一致性系数 cronbach α 值与建构信度（construct reliability, CR）两项指标来检验。由表5-2可知，七个分量表的内部一致性系数均大于0.80，表明各因子具有良好的内部一致性。由表5-4可知，各因子的CR均大于0.80，表示其建构信度较好，每个因子均能被包含的所有题目较为一致性地解释。

图 3.11　混合研究案例中定量研究的信度检验

量表的效度则由因子到各题项的标准化路径系数与平均方差提取（average variance extracted, AVE）来检验。一方面由表5-3可知，因子到各题项的标准化路径系数均大于0.50，且均达到较高水平，因此该量表的结构效度良好。另一方面由表5-4可知，各因子的AVE值均大于0.50，表示其具有较好的收敛效度。此外，如表5-5所示，除了列出7个因子之间的相关系数之外，位于对角线的七个数据是7个因子的区分效度，其数值取的是平均方差提取（AVE）的算术平方根。可以看到，每个因子的区分效度值均大于每一行和每一列中任何两个因子的Pearson相关系数，这表明量表具有足够好的区分效度。

图 3.12　混合研究案例中定量研究的效度检验

第一，本研究基于扎根理论，对职前化学教师的《化学基本观念开放性问卷》进行编码分析，结合国内外文献的主流观点，最终确定职前化学教师的学科观念存在一个理论意义上的"三阶结构"：化学基本观念——本体-知识/认识-方法/社会-价值类观念。

第二，基于上述的质性研究，为了探查上述职前化学教师学科观念理论结构模型，是否适用于其他同类群体或不同群体，即验证该结构的适用性与可推广性。本文采取探索性因子分析、相关分析以及高阶验证性因子分析等方法"逐阶"验证理论结构的合理性。我们发现：依据模型拟合指数等量化数据，无论是何种群体，均存在一个稳定的"三阶"结构，即上述化学基本观念的理论结构同时可以得到两类数据（职前教师与在职教师）的支持。

第三，在职教师与职前教师的化学基本观念水平均处于较高的水平，不过由于本研究中在职教师的经验较为丰富、学科理解的认识程度较为深刻，因此在某些组分方面，在职教师的化学基本观念水平相对高于职前教师。

图 3.13　混合研究案例中的结论整合

3.5　优势局限

化学教育研究问题的复杂性往往不能通过单一的定量研究或定性研究的数据获得解答，而混合研究方法则可以从不同视角看问题。总体来说，化学教育混合研究主要具有以下特点或优势：（1）多元包容，鼓励研究者从不同的哲学视角或研究范式去认识化学教育研究对象，并有助于回答单独定量或定性研究无法回答的问题，即允许化学教育研究者更好地同时回答验证性和探索性问题。（2）取长"避"短，能够在一个单一的研究中有效综合定量研究与定性研究的优势（即优势互补原则）；或通过在一项研究中同时使用2种研究方法，利用其中一种方法的优势克服另一种方法的不足（即劣势不重叠原则）。（3）完整深刻，能够为研究问题提供更完整、更深刻的答案，帮助研究者对化学教育研究对象建构有意义的理解；定量研究的数据说明变量关系的强度，而定性研究的数据则能帮助理解关系的性质及其机理等。（4）整合创新，能帮助研究者结合定量与定性研究方法生成或构建关于化学教育研究对象的整合型的新知识，如它能为研究者提供反思和构建新理论的空间，从而产生新的理论和观点。

然而，化学教育混合研究也存在一些局限性：（1）由于涉及两类研究的实施，故其数据收集与分析相对耗时耗力；（2）对研究者或研究团队在研究方法方面的知识或技能要求特别高，即需要研究者对 3 种研究范式均有足够的认识；（3）研究合理性或效度的建立相对困难；（4）仍难以解决定量与定性研究两种范式之间的不可通约问题。

要点总结

化学教育混合研究可理解为研究者基于实用主义知识观，采用并行法或顺序法的策略，将定量研究与定性研究的方法或技术混合或整合使用，收集数值型与非数值型 2 种数据，以回答化学教育研究问题的一种研究范式或方法论。

可采用相对简化的"范式重心-实施时间"二维矩阵来划分化学教育混合研究。其中，"范式重心"维度包括平行同等、定量主导与定性主导 3 种情况；"实施时间"维度分为并行式与顺序式 2 种情况，构成了 3×2 矩阵，即得出 6 种组合单元。

化学教育混合研究的质量可通过以下 4 个指标评估：范式通约合理性、优势互补合理性、实施整合合理性、多元保证合理性。其中，范式通约合理性与优势互补合理性 2 个指标主要关注的是混合方法论层面的质量，实施整合合理性侧重混合方法层面的质量，而多元保证合理性则强调通过多种信度与效度指标保证单独定量或定性研究方法内部的质量。

化学教育混合研究主要适用于以下情况：研究者尝试回答验证性与探索性化学教育研究问题；研究数据不够充分，或试图利用另一种方法深化或拓展化学教育研究；研究者试图推广或检验探索性的化学教育研究发现；研究者或研究团队具有丰富扎实的化学教育定量、定性与混合研究方法论方面的知识或经验。

受实用主义观影响，化学教育混合研究的实施流程包括研究目的或问题的确定、混合方法适宜性的论证、混合设计方式的选择、两类研究的数据收集、两类研究的数据分析、数据的不断验证以及数据的不断解释与整合共 7 个主要步骤。

化学教育定量研究的主要特点或优势包括多元包容、取长"避"短、完整深刻、整合创新等。然而，它也存在某些局限性，如数据收集与分析相对耗时耗力；对研究者或研究团队在研究方法方面的知识或技能要求特别高；研究合理性的建立相对困难；仍难于解决定量与定性研究两种范式之间的不可通约问题。

问题任务

请简述你对实用主义的理解，并对比分析自身的哲学立场。

请基于化学教育研究领域，举例说明"范式重心-实施时间"矩阵中的 6 种混合设计组合方式。

请简述在化学教育混合研究过程中应如何保证或提高研究的"合理性"。

在化学教育研究实践中，你认为可通过哪些途径尽可能发挥定量与定性研究之间的优势互补？

请与同伴一起通过列表的方式讨论化学教育定量、定性与混合研究3者的区别与联系。

任选一篇化学教育混合研究论文，结合"范式重心-实施时间"矩阵分析该论文中混合设计的组合方式，并与同伴讨论。

请在导师的指导下，结合自己的研究兴趣，拟定一个研究主题，然后尝试基于"范式重心-实施时间"矩阵，初步完成一个混合研究的设计方案。

 拓展阅读

Creswell J W. Research design：qualitative，quantitative，and mixed methods approaches [M]. 2th ed. Thousand Oaks，CA：Sage Publications，2003.（理论与方法）

Fetters M D. The mixed methods research workbook：activities for designing，implementing，and publishing projects[M]. Thousand Oaks，CA：Sage Publications，2020（理论方法与实操）

Johnson R B，Christensen L. Educational research：quantitative，qualitative，and mixed approaches[M]. 6th ed. Thousand Oaks，CA：Sage Publications，2016.（理论与方法）

李刚，王红蕾.混合方法研究的方法论与实践尝试：共识、争议与反思[J]. 华东师范大学学报（教育科学版），2016，34(4)：98-105.（理论与方法）

吴微，邓峰，伍春雨，等.高一学生"氧化还原反应"观念结构的调查研究[J]. 化学教学，2020，42(5)：29-34.（混合研究方法的具体应用）

第4章

个案法

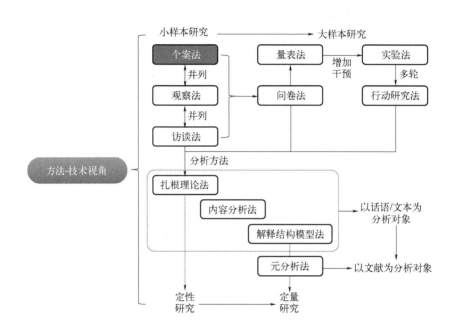

【**课程思政**】世界上没有两片完全相同的树叶。

——莱布尼茨

 本章导读

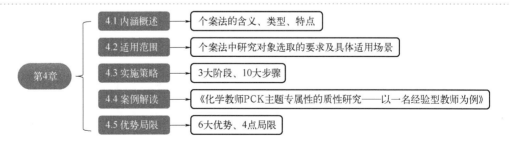

通过本章学习，你应该能够做到：

- 简述个案法的含义

- 说出个案法的四大特点
- 从不同角度对个案法进行分类
- 辨识个案法的适用范围
- 简述个案法的实施策略
- 说出个案法的优势与局限性

4.1 内涵概述

"个案"（case）一词源于医学领域，医学上的个案研究是指对个别病例做详尽的临床检查和病史考察，以判断其病理和记录诊断过程中的变化（杨晓萍，2006）。对于教育研究领域而言，个案（也称案例）可以指具有某种代表意义及特定范围的具体对象，它可以是一个教育个体或团体、一种课程或一件事等（齐梅，2017）。然而，不少研究者（尤其是初学者）常常会对"个案"的含义理解有所偏颇。因此，这里有必要对"个案"的内涵做相应的界定。

根据 Stake（1995）的观点，个案是一个完整的系统。譬如，化学教师可以是一个个案，但其教学不能被视为个案，因为教学缺乏特殊性，尤其教学的边界或界限不够明确。另外，一个班级、一间学校、一项化学课程改革方案或某个化学教学问题等也可以称为"个案"。为了更好地界定"个案"，Stake（1995）还提出 2 个重要的判断因素：（1）个案是一个有边界的系统，它是一个对象而非过程；（2）该系统中存在某种行为模式。

4.1.1 个案法的含义

关于"个案法"或"个案研究"（case study）的定义，学界并无统一的说法，这可能是由于这些定义往往是在研究对象或数据收集方法上各有侧重。譬如，有学者侧重从研究对象的角度将个案研究理解为对某个有边界的系统（如某个方案、个人或社会单元）所做的完整翔实的描述与分析（潘慧玲，2005）；或将其视为一种用以探讨个案在特定的情境脉络下活动的独特性与复杂性的方法（林佩璇，2004）。另外，也有学者着重从数据收集方法的角度将个案法定义为一种运用观察、访谈、历史数据、档案材料等方法收集数据，并运用可靠技术进行分析，从而得出有普遍性结论的研究方法（张梦中等，2002）。类似地，国外学者 Yin（2004）将其理解为研究者通过多种数据来源，对当前生活脉络的各种现象、行为和事件所做的一种探究式的研究。

另外，学界在个案法是否可定位为一种自成体系的研究方法方面同样也未达成共识。例如，有研究者提倡可将个案研究理解为一种研究策略，且实施个案研究需要通过多种方式（如观察、访谈、测验等）收集数据（刘淑杰，2016）。相反地，也有研究者认为应将个案研究法看作是某种独立的且可与观察法、实验法等并列的研究方法（李长吉等，2011），这也是本书所采用的观点。

对于化学教育研究而言，个案法指的是以化学教育主体（如化学教师或学生）或化学教育教学事件（如化学教学案例）为研究对象，运用参与观察法、深度访谈法等方法收集数据，并运用定性或定量分析技术，对化学教育情境中的事物或现象进行深入探究以了解其特性的研究方法。

4.1.2 个案法的类型

根据不同的分类标准，可对个案法进行不同类型的划分。

（1）从研究对象的数量来看，个案研究包括单一个案研究和多重个案研究（李广平，2005）。其中，单一个案研究是指只对单一个案进行探讨与分析的个案研究，例如对某位非师范专业背景且毕业于清华大学的中学化学教师的化学教学设计能力的研究。多重个案研究则指在研究过程中，研究者对至少 2 个个案进行有关的数据收集与分析工作，除了关注单独个案的特征或独特性之外，研究者同时也会探讨几个个案之间的异同之处，如对 4 位化学教师的教学设计能力的个案研究。

（2）从研究目标来看，个案研究包括探索性个案研究、描述性个案研究和解释性个案研究（齐梅，2017）。所谓探索性个案研究，是指在研究问题和研究假设都不明确的情况下，研究者凭借个人兴趣或经验到研究现场了解情况并收集数据，然后据此界定研究问题或决定研究设计的可行性，这类研究常当作预研究（pilot）来使用。描述性个案研究则强调对某种特定现象或行为的脉络进行全面与详细的深描，这类研究较为关注"是何"类型的研究问题。解释性个案研究则更侧重对研究数据进行类似"因果"关系的确认、分析与解释，这类研究更为关注"如何"与"为何"类型的研究问题。

（3）从研究重心来看，个案研究还可划分为本质型与工具型 2 类。其中，本质型个案研究的重心在于深入了解研究对象的本质特征；工具型个案研究的重心则在于通过对特定案例的研究揭示某一现象的本质，即尝试建构某种理论。在实际研究中，研究者可结合具体需要，考虑将这种分类方法与上述第 1 种分类方法相结合（杨延宁，2014）进行研究设计（见表4.1）。

表 4.1　个案研究的交叉分类

研究目的	个案数量		
	单一个案	多重个案	
本质型研究	研究对象	研究对象 1	研究对象 2
		研究对象 3	研究对象 n
工具型研究	研究对象 -现象 1 -现象 2 -现象 n	研究对象 -现象 1 -现象 2 -现象 n	研究对象 -现象 1 -现象 2 -现象 n
		研究对象 -现象 1 -现象 2 -现象 n	研究对象 -现象 1 -现象 2 -现象 n

（4）从研究时长来看，个案法也可分为纵向个案研究与横向个案研究 2 种。纵向研究也称追踪研究，它指的是在一段较长的时间内，对同一个案进行全面、翔实的观察，并记录与分析其发展随时间变化的方法。例如，研究者可考虑对某位新入职化学教师的 PCK 进行长达

5 年的追踪研究，以描述其在新手教师阶段的化学 PCK 的特点与发展历程等。横向研究指在同一特定时间内，对若干不同对象进行系统研究，探讨其发展变化规律和特点。例如，可对新手型教师、熟手型教师、专家型教师 3 类不同阶段的化学教师个案的 PCK 进行对比研究。

4.1.3 个案法的特点

（1）独特性　个案法最显著的特点在于其独特性，它强调每一个研究对象都是一个独特个体，且具有其独特性质。换言之，它关注某个特定的群体、情境、事件、方案或现象。虽然个案研究法也会寻找个案之间的共性，但更为注重的仍是个案自身的独特性。譬如，化学特级教师这个特殊群体可以作为研究学科教学知识（PCK）的独特个案。

（2）整体性　个案法倾向于反对"还原论"（reductionism），而强调将研究对象作为一个整体进行多维度或多方面的描述，即希望在一个较为完整的情境中，充分理解研究对象的特征。譬如，研究者可以从多个方面描述与分析高中化学教师个案对教科书的使用，包括其对教科书章节结构的了解、对教科书内容的解读、对教科书素材的运用、对教科书中习题的改编等。

（3）情境性　个案法允许研究者基于自然情境对某一特定现象的发展历程或行为模式进行观察与分析。譬如，化学教育研究者可以从历史发展脉络的观点，深入了解化学教师的教学行为与社会文化情境（如新高考、"双减"背景）之间的关联。

（4）综合性　由于研究对象不多，研究者可以综合运用多种数据收集与分析方法，以更全面了解与掌握案例的特征。所收集的资料包括个案的基本情况（如化学教师的教龄、工作经历等），各种测量、观察及访谈结果等有关数据。同时采用三角互证的方法，以增强研究结果的说服力。

（5）过程性　个案研究的研究结果是对研究对象丰富且翔实的"深描"，即通过讲述研究中的一个个"故事"或对研究过程中的现象（如高中生是如何调用各种化学思维方式与方法进行问题解决）进行生动细致的描述。另外，个案研究可以研究个案的现在与过去，甚至还可继续追踪个案的未来发展。由于个案研究的对象集中，故研究者有较为充裕的时间对其特征进行较长时间的持续性追踪与深入了解。

（6）启发性　作为定性研究方法的一种，个案研究通常会运用归纳与持续比较（constant comparison）的方式进行数据分析，最终生成或发展某种新的理论或模式，即对已知的事物或事件（如化学教师对教科书的使用）赋予新的意义，从而有助于后续研究者对研究对象的再认识或进一步建构理论。

4.2 适用范围

在化学教育研究领域，个案研究法可用于但不仅限于：（1）通过个案研究详细了解个案特征，给研究对象的发展和进步提出针对性的教育建议和改进措施；（2）个案研究以具体实例揭示和说明某种抽象的理论和观点，为进一步证实理论和假设提供依据，如案例中的化学

PCK"苯环"模型的发展；（3）收集个案信息，如建立资料库，为以后的分析做好准备，如收集化学师范生各化学主题的教学设计并建立资料库，以分析其教学设计能力。

4.3 实施策略

个案法的实施主要可以划分为准备、实施和总结三个阶段。准备阶段需要确定好研究问题并作出理论假设、选择研究对象，之后评定个案现状并制定详细的研究计划；在正式的实施阶段则需要收集相应的数据资料，并对其进行整理和分析；最后根据对个案的分析，撰写相应的研究报告。具体的实施过程流程如图 4.1 所示。对于 3 个阶段，其各自的实施过程中有一些事项需要注意。

图 4.1　个案研究的实施过程

（1）准备阶段　研究问题既可从文献中获得，也可从现实问题中获得；同时，研究问题的性质需要满足价值性、科学性、可行性这三个特点。在构建理论假设时，则需要关联研究的各个焦点。研究对象的选择通常需要重点关注其在某些方面的独特性。个案现状评定除了对个案现状突出的方面有专门的测量与评定之外，最好还对个案的现状有一个全面的了解，因为某一方面的突出并非偶然，往往与个案所处的现状有关。在制定研究计划时，研究者需要为接触和了解个案做详细准备，所以最好列一个详细的任务清单，把时间、地点、任务、参与者写在计划表里，方便对照实施。

（2）实施阶段　收集个案数据时，首先可通过文献检索的方法，为实施阶段的研究做好充分准备，譬如查阅相关的研究论文、研究报告、官方文件资料以及了解个案所处的社会背景、环境等。这些资料不仅包括个案本身的资料，还包括学校的各种记录，以及家长和社会背景资料等。紧接着进入现场，对个案进行全面深入的考察，此时可以采用多种不同的方法收集数据，常用的方法包括观察法、问卷法、访谈法等。数据收集完成后，研究者需要对数据进行定性编码和分析，大致分析流程如图 4.2 所示。

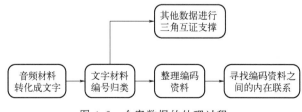

图 4.2　个案数据的处理过程

（3）总结阶段 研究者需要根据对个案资料或数据的分析、诊断，提出相应的教育或教学措施，并将其按照一定的格式撰写成研究报告。

4.4 案例解读

为了帮助读者更加清楚地了解个案法在研究当中的具体实施策略，以下将以笔者指导的硕士学位论文《化学教师 PCK 主题专属性的质性研究——以一名经验型教师为例》（罗鸿伟，2019）为案例进行具体性阐述。

首先，通过论述化学教师专业发展的重要性、必要性以及化学 PCK 主题专属性研究的空缺，研究者提出了该研究的研究目的（见图 4.3）。为了达成该研究目的，研究者将其细化为3 个具体的研究内容（见图 4.4）。

基于上述《新课标》对教师教学的新要求以及 PCK 对教师发展的作用，确定本文的研究目的主要如下：

（1）探究一名经验型教师不同主题化学课堂的 PCK 整合本质，为促进化学教学的途径与方法的发展提供有益的建议；

（2）进一步完善化学 PCK 的相关理论。

图 4.3 个案法案例所提出的研究目的

本论文主要目的在于探究一名经验型教师不同教学主题 PCK 的整合。本研究为解决这一大问题，主要将其分解成以下 3 个具体研究内容：

（1）测评一名经验型化学教师不同化学主题（"新型化学电源" "海水资源的开发与利用" "气体的实验室制备、净化和收集"）课堂中表征出的 PCK 组分详细内涵；

（2）测评经验型教师不同化学主题（"新型化学电源" "海水资源的开发与利用" "气体的实验室制备、净化和收集"）课堂中表征出的 PCK 整合本质；

（3）从理论以及实证两方面进一步发展化学教师 PCK 六组分"苯环"模型。

图 4.4 个案法案例中细化后研究内容

紧接着，为了协助该研究的设计与开展，研究者针对化学教师 PCK 进行了文献综述，通过对 2008—2018 年国内外有关化学教师 PCK 的理论发展与实证测评的研究进行系统梳理（见图 4.5），由此确定了本研究的研究对象是一名经验型化学教师（见图 4.6），并使用小样本的数据收集方式以及定性的数据分析工具（见图 4.7）。

在确定好个案研究对象及方法之后，需要对收集到的数据进行初步处理，此处以教学实录的处理为例进行展示（见图 4.8）。

2 文献综述..7

2.1 化学 PCK 理论发展..7

2.1.1 PCK 理论框架..8
2.1.2 PCK 组分模型..8
2.1.3 PCK 专属性质..11
2.1.4 对本研究的启示..12

2.2 化学 PCK 实证测评..13

2.2.1 PCK 测评对象..13
2.2.2 PCK 数据测查工具..13
2.2.3 PCK 数据分析工具..17
2.2.4 对本研究的启示..21

图 4.5 个案法案例中的文献综述（硕士论文目录部分）

本研究采用方便抽样法，选取广东省某高中一名经验型化学教师作为研究对象，该教师有五年以上丰富的化学任教经验，完整地经过了至少一轮高一至高三的教学，对不同课题、不同类型的化学课堂都有一定的教学经验。虽然该教师没有接触、学习过 PCK 的相关理论，但是在多年的教学当中，已经可以隐性地调用其 PCK 组分，并较好地将其整合成动态的 PCK。这从其课堂受到学生的一致好评中可以得出。而所选择的三个教学课堂，是该教师进行公开示范课的教学课堂，因此对其 PCK 进行测评研究，可以得出满意的结果，也能为职前化学教师以及新手型化学教师提供有益的建议。

图 4.6 个案法案例中选取的研究对象

本研究主要测查这名教师三个教学主题的 PCK，分别是“新型化学电源”“海水资源的开发与利用”“气体的实验室制备、净化和收集复习课”…… 由此可以推论，这三个教学主题对化学教师的PCK，在组分内容以及整合方式可能也有相对不同的要求。值得注意的是，这三个教学主题所授课的学生是不同班级的，但是本研究注重的是教师在教学中所展示的 PCK 成分及整合，与学生学习水平并无关系。所以，分别测评这三个教学主题中，经验型教师所表现出的 PCK，可以更好地验证 PCK 的主题专属性，并且完善 PCK 的测评工具。由上述的数据收集方法综述以及本研究的研究目的，确认了本研究采取三个适用于小样本多组分的数据收集方法，分别为教学准备法、课堂实践法、访谈法。

图 4.7 个案法案例中选取的研究方法

本研究的课堂实践法使用课堂录像。收集的课堂录像为该教师这三个教学主题课堂各40分钟的课堂实录。课堂录像收集的数据主要是教师动态结构PCK的各组分内容。笔者把课堂录像里教师与学生所有的话语，以及重要的教学行为，皆转录为文本的形式保存（见图）。

> 师：所以碘在我们日常生活中的应用是挺广泛的，我们要从海中提取碘为我们所用。请问，海带里面提碘，我们应该怎么来提取?怎么证明海带里面含有碘元素呢?
>
> 生：淀粉。
>
> 师：对，淀粉就可以了，淀粉是用来检验什么的?
>
> 生：碘单质。
>
> 师：但是我们知道海带里面有碘元素对吧，碘单质等于碘元素吗?
>
> 生：不等于。
>
> 图 教学实录(节选)

图 4.8 个案法案例中的数据处理方法（此处省略访谈法和教学准备法）

在对数据完成初步处理之后，作者结合新课标对国外研究出的 PCK 组分编码表进行了改编（见图 4.9），并对处理好的教学实录文本进行 PCK 组分的识别，将其归入六列表中（见图 4.10），并紧接着绘制出各个教学片段的 PCK 雷达图（见图 4.11），以完成对教师 PCK 组分内容的分析。

组分	定义	子项目编号	具体内涵
SMK	学科内容知识	K	核心主题、子主题及学科知识点
CTO	化学教学取向	O1	教育目的观（五大核心素养、化学基本观念或思想）
		O2	教学过程观（教师与学生在教学过程中的角色）
KoC	化学课程知识	C1	课程材料中的内容要求与学业要求
		C2	课程材料中的素材资源
		C3	课程内容的纵向布局地位及作用
		C4	课程内客在教科书中的呈现
KoL	学生理解知识	L1	学生的已有学习水平（知识技能、能力方法、观念素养）
		L2	学生存在的学习困难（知识技能、能力方法、观念素养）
KoS	教学策略知识	S	不同的教学策略，如科学探究策略、5E 学习环策略、问题解决策略、模型建构策略、三重表征策略、翻转课堂策略、合作学习策略等
KoA	教学评价知识	A1	评价内容
		A2	评价方法（如档案袋、实验报告、纸笔测试、实验技能测试、概念图、问卷、量表或量规、反思日记、调查报告或论文、作品等）

图 4.9 个案法案例中的 PCK 组分编码表

《P3》PCK 组分					
K4：多种杂质的除杂	O1.1：教师主导（我们来小结）	C1.3：能够灵活地运用气体制备实验的规律和方法解决新问题（考纲不仅仅要求我们掌握这些基础知识） C3.1：气体的除杂内容在气体的实验室制备之后（学会这些基础知识的基础上进行不同的应用）	L1.4：熟悉气体的实验室制备（我们先来复习一下气体制备实验的基本思路） L1.5：能运用气体除杂的原则（我们在除杂的时候一定要依据什么？） L2.3：学生对陌生情境下的题目分析存在困难（因为你根本没有分析它的目的）	S1：问题链（你的步骤是先除哪一个？用什么试剂？） S2：对比分析（为什么我们上面除氯化氢可以用氢氧化钠溶液，而下面只能用饱和的氯化钠溶液） S3：知识总结（那么请各位同学来看一下最后的总结）	A1.3：气体除杂的装置顺序（装置顺序的确定） A1.4 气体的实验室制备（实验室制取氮气方案有多种） A2.1：课堂提问 A2.2：习题练习

图 4.10　个案法案例中的 PCK 六列表

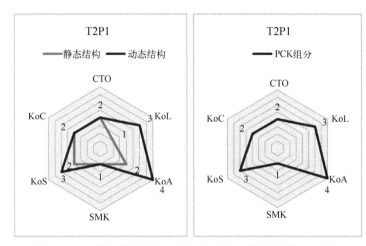

图 4.11　个案法案例中某一教学片段的 PCK 雷达图（节选）

同理，利用 PCK 联系对界定表（见图 4.12）转录文本进行识别，绘制出 PCK 整合图（见图 4.13），再进一步绘制出 PCK 路径图（见图 4.14）。对不同教学片段的 PCK 路径图进行绘制，最终可提取出该经验型教师在不同教学主题下的 PCK 整合模式（见图 4.15）。

联系对	解释	联系对	解释
SMK-CTO	对不同教学主题以及具体知识点采用不同的化学教学取向；根据化学教学取向增减知识点以及确定重难点	SMK-KoC	根据教学主题在课程标准中确定与主题相关的核心素养；根据课程材料梳理与本教学主题相关的其他教学主题以形成知识点网络
SMK-KoL	根据知识点的前后联系分析学生的已有水平及存在的学习困难；根据学生的已有水平及学习困难增减知识点以及确定重难点	SMK-KoS	根据不同的知识点确定多样化的教学策略；使用特定的教学策略、情境素材等连接前后教学主题知识点
SMK-KoA	根据不同的知识点确定多样评价内容；选取不同的评价方式对应不同的教学主题、知识类型（陈述性、程序性）等	CTO-KoC	根据教师化学教学取向为班级制定特定的课程重点；因为课程材料的要求改变教师的教学取向

图 4.12　个案法案例中的 PCK 联系对界定表（节选）

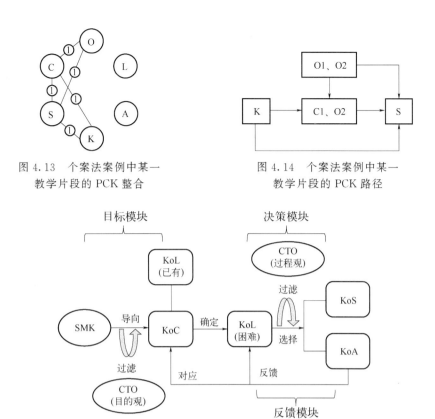

图 4.13 　个案法案例中某一
教学片段的 PCK 整合

图 4.14 　个案法案例中某一
教学片段的 PCK 路径

图 4.15 　个案法案例中的 PCK 整合模式

4.5　优势局限

个案法的优势即其特点，具体包括：独特性、整体性、情境性、综合性、过程性与启发性。上述优势的具体内涵详见本书 4.1.3 部分。

然而，个案法也存在一些局限性：（1）个案研究的对象数量一般较少；（2）研究会消耗过多的人力物力，且容易产生误差（张宝臣，2012）；（3）个案法的可推广性值得考虑，因为该方法不能确定直接的因果关系，且在资料收集过程中，虽然强调客观全面地收集一切相关的材料，但如果研究者不格外注意，易倾向于收集那些能证明自己假设的材料，而忽略那些不能证实假设的材料，使得结论的主观性较强；（4）该方法可能涉及道德问题等（刘毅，2002）。

 要点总结

个案法又称案例研究法，指以一个人、一个社会单元或一件事为研究对象，运用观察、访谈、查阅历史数据和档案等方法收集数据，并运用各种分析方法和技术（包括定量与定性 2 类），对复杂情境中的现象进行深入探究以了解其特征的研究方法。

根据不同的分类标准，可将个案法进行不同角度的划分。譬如，按照研究对象的数量可将个案研究分为单一个案研究和多重个案研究；根据研究目标可将其分为探索性个案研究、描述性个案研究和解释性个案研究；根据研究重心可划分为本质型个案研究与工具型个案研究；根据研究时长，可以将其划分为纵向研究与横向研究。

个案法可用于但不仅限于：（1）详细了解个案特征，为研究对象的发展和进步提出针对性的教育建议和措施；（2）以具体实例揭示和说明某种抽象的理论和观点，为进一步证实理论和假设提供依据；（3）收集个案信息，如建立资料库，为之后的分析做好准备。

个案法的实施主要可以划分为准备、实施和总结三个阶段。准备阶段需要确定好研究问题并做出理论假设、选择研究对象，之后评定个案现状并制定详细的研究计划；在正式的实施阶段则需要收集相应的数据资料，并对其进行整理和分析；最后根据对个案的分析，撰写相应的研究报告。

个案法的优势在于个案研究法具有以下 6 大特点：独特性、整体性、情境性、综合性、过程性和启发性。然而，个案研究法也具有一定的局限性，主要表现在研究对象数量较少、消耗过多的人力物力、易产生误差以及可推广性弱等。

 问题任务

既然个案法的可推广性值得商榷，那么你认为在研究时将其作为主要研究方法的实践意义是什么？如何确保个案的代表性和典型性？

请说明个案研究中的研究对象是否必须是个体或个人。

思考并与同伴交流对于个案研究法的研究持续时间是否有要求。

针对个案法所具有的局限性，你可以提出哪些弥补措施？

阅读几篇运用个案法进行研究的文献，重点关注其结论、建议部分，思考运用个案法进行研究的文献在这几部分的撰写上有何特点。

请选定一个自己感兴趣的研究课题，在导师的指导下拟定一个具体的研究主题，并尝试利用本章所学内容设计一个利用个案法进行研究的方案。

 拓展阅读

王宁.代表性还是典型性？——个案的属性与个案研究方法的逻辑基础[J]. 社会学研究，2002，5：123-125.（理论基础）

Malazonia D，Macharashvili T，Maglakelidze S，et al. Developing students' intercultural values and attitudes through history education in monocultural school environments（Georgian-language school case study）[J]. Intercultural Education，2021，32(5)：1-17.（个案法的具体应用）

冯鸿艺，邓峰，欧阳欣仪，等.新手-熟手高中化学教师 PCK 个案比较研究——以"氧化还原反应"主题为例[J]. 化学教育（中英文），2021，42(09)：53-58.（个案法的具体应用）

王霞.高中化学新手型教师与经验型教师 PCK 比较的个案研究[D]. 武汉：华中师范大学，2011.（个案法的具体应用）

第 5 章

观察法

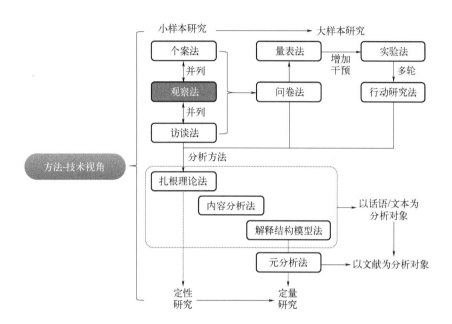

【课程思政】应当细心地观察，为的是理解；应当努力地理解，为的是行动。
——罗曼·罗兰

 本章导读

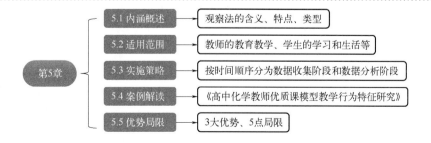

通过本章学习，你应该能够做到：

- 简述观察法的含义
- 列举并解释观察法的特点、类型
- 辨识观察法的适用范围
- 简述观察法的实施策略
- 列举观察法的优势与局限性

5.1 内涵概述

观察法是指研究者通过感觉器官或科学仪器，以一种有目的、有计划的方式对自然状态下的客观事物开展系统的观察，并进行准确、详细的记录，从而收集相关资料，获取科学事实的一种科学研究方法（陈秀珍等，2014）。

5.1.1 观察法的特点

与人们在生活中所进行的日常观察不同，化学教育研究中的观察法主要体现为"目的性""计划性""系统性""自然性"四种特点（高俊明，2018；李浩泉等，2018；刘电芝，2011；杨娟，2020）。

（1）目的性　观察是根据研究的需要，为解决某一实际教育问题而进行的，带着特定的目的与任务的观察。也就是说，观察是指向具体研究目的的，且观察过程设计、内容、方法、时间安排等都与研究目的相一致。

（2）计划性　研究者在开展具体观察活动前预先设计操作方案与计划。研究者在开展观察前，应对观察的执行者、时间、地点、对象、顺序、过程、路线、记录方式、所需仪器等进行预先计划、安排及准备。基于此，研究者在开展观察前需要制定观察计划表，从而保证观察活动有计划、有步骤且优质高效地进行（具体见5.3）。

（3）系统性　观察的对象并不是孤立、单一、平面化的，而是多角度、相互联系、立体的。研究者在围绕某一对象开展观察时，观察角度或项目是多维度、结构化的。因此，在研究者提前制定的观察计划表中，往往会划分多个观察角度或项目，以保证观察的系统性和全面性。

（4）自然性　观察者基于观察的目的与任务，依据预先设计好的观察计划表对被观察者开展程序化的观察，在观察过程中不需要对被观察者发出任何指令、要求与信息，以获取被观察者在自然状态下的真实反应与行为结果。

5.1.2 观察法的类型

文献调研发现，不少研究者（刘淑杰，2016；李浩泉等，2018）尝试从不同角度对观察法进行分类。整体而言，在化学教育研究领域中，观察法的分类方法主要包括以下5种（见图5.1）。

（1）依据仪器设备的使用情况，观察法可以分为间接观察法和直接观察法。间接观察法需要观察者借助仪器设备（如摄像机或手机）观察被观察者的活动（如学生对不同结构有机

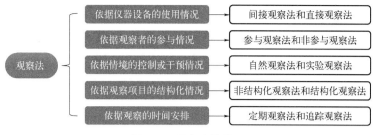

图 5.1 观察法的类型

物分子模型的搭建），而直接观察法不需要复杂的仪器设备，而是观察者运用感觉器官（如肉眼）直接观察被观察者的活动。虽然间接观察和直接观察的仪器设备使用情况不同，但这两种方法最终都会将被观察者的行为活动转化为数据，以用于进一步的数据分析。

（2）依据观察者的参与情况，观察法可以分为参与观察法和非参与观察法。参与观察法是观察者参与到观察情境中，充当观察情境中的某一角色进行观察，以获得相应数据的研究方法（如研究者本身同时以化学教师的角色参与）。与参与观察法相反，非参与观察法是观察者将自己排除在观察情境之外，以一个旁观者的身份来观察被观察者的行为，从而获得数据的研究方法。

（3）依据情境的控制或干预情况，观察法可以分为自然观察法和实验观察法。自然观察法是观察者对被观察者的行为不施以任何暗示或控制，观察完全处于自然状态下的被观察者的行为，从而获取数据的研究方法。而实验观察法是观察者将被观察者置于人为改变和控制的情境中（如学生分别被安排在 2 种不同的化学学习情境中学习），从而有目的地引起被观察者的某些心理现象，进而观察行为而获取数据的研究方法。

（4）依据观察项目的结构化情况，观察法可以分为结构化观察法和非结构化观察法。结构化观察是指在观察活动实施之前，预先设计好具体的观察角度或项目，进而整理成详细的观察记录表（如《化学教师课堂提问观察表》），在观察过程中严格按照观察项目和记录表对被观察者进行程序化的观察并填写记录表，最终获得数据的研究方法。非结构化观察法则是指在观察活动实施之前，观察者对观察目的和要求只是有一个较为概括性的、模糊的设想，没有具体的观察项目、内容、步骤以及相应的观察记录表，在观察时根据具体情况进行灵活处理的研究方法。非结构化观察法在实施过程中可能会面临准备不充分、记录不全面、结果较主观等问题，因此结构化观察法的使用相对更加广泛。

（5）依据观察的时间安排，观察法可以分为定期观察法和追踪观察法。定期观察法是按照特定的时间间隔对被观察者进行观察从而获取数据的研究方法。而追踪观察法则是通过对某被观察者进行较长时间的连续性观察，从而获得数据的研究方法。

5.2 适用范围

一般而言，若研究者试图研究某客观事物在某一时间、空间中表现出的某些特征，则观察法是一种可供考虑的研究方法。观察法在化学教育研究中的具有代表性的使用场景如下。

研究化学教师的教学活动。如化学教师对实验仪器的使用、对化学实验教学资源的开发和利用、对化学语言的应用能力、对化学情境素材的感知与应用能力等。

研究学生的化学学习活动。如学生对化学学科的兴趣、学生在化学课堂中的专注情况、学生完成化学作业时的学习态度与心理状况等。

研究化学课堂中化学教师与学生的交互关系。如在新授课、实验课、复习课化学教师与学生的行为关系，化学教师开展教学时所采用的化学教学策略对学生化学学习行为的影响，等。

5.3 实施策略

从时间顺序上看，观察法的实施大致可分为三个阶段：观察设计阶段、数据收集阶段和数据分析阶段（图 5.2）。

5.3.1 观察设计阶段

观察设计阶段是开展观察尤其是结构化观察的重要前置准备阶段。该阶段实施步骤包括明确目的问题、制定观察计划、编制观察工具、训练观察人员 4 个步骤，展开介绍如下。

（1）明确目的问题　观察目的和问题是观察法的基础和出发点。研究者在进行观察设计时，首先需要明确观察目的，即"为什么观察"。观察目的是有序、高效开展观察的最基本条件，往往明确观察对象、反映了观察角度或项目。因此在研究者明确观察目的后，可基于观察目的提炼观察问题，并初步确定观察角度或项目。例如，某观察目的为"研究影响学困生化学成绩的因素"，该观察目的指明观察对象为"学困生"，基于该目的可提炼观察问题"化学课堂中学生的专注情况如何？""学生完成课后作业过程中的表现情况如何？"，并初步形成观察角度（如学生课堂专注学习的持续时间、学生化学试题的文字表达情况、书写详尽程度等等）。

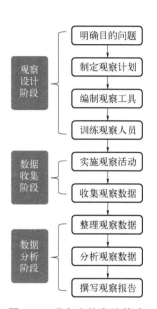

图 5.2　观察法的实施策略

（2）制定观察计划　若要有序、高效地开展观察，研究者需要将观察对象、观察内容、观察方法等进一步细化，建立详细、具体的观察计划表，作为观察者开展结构化、程序化观察的重要依据。

对于观察对象而言，研究者需要将观察对象进一步具体化为确定的某个人或某个群体。需要注意的是，研究者选取的观察对象要具有典型性和代表性，尽量选取具有普遍特征的观察对象，而不应该选取某一部分较为极端的个体（极好或极差）作为观察对象。例如，上一步的研究对象"学困生"此时进一步具体化为"某中学某某年级某班的化学成绩低于 60 分的同学"，这部分同学是依据"0～60 分"的分数段进行抽取的，而不是只关注该区间内极端情况（0～10 分或 50～60 分）的同学。

对于观察内容而言，研究者需要将观察内容进一步具体化为特定的观察项目，进而为观察人员提供开展观察记录的工具。研究者可通过查阅文献资料、研读书籍、向专家咨询等方式进一步细化观察项目，将较为抽象、难以直接获取的内容具体化为显性、可通过观察直接测得的指标。例如，将影响学困生化学成绩的因素进一步细化为学习态度、学习动机、学习能力、学习方法等，但这些态度、动机、能力等因素依然不能通过观察法直接测得，因此可以进一步细化为时间、次数、位置等定量的指标。譬如"学习态度"可以进一步以"持续专注学习的时间""注意力分散的次数"等指标进行表征和描述。

对于观察方法而言，研究者需要基于观察目的，结合具体观察项目与实际条件，选择相应观察方法。譬如为了探知影响学困生化学成绩的因素，研究者需要明确选择的观察法是参与式还是非参与式、直接观察还是间接观察。与此同时，研究者需要考虑观察时是否使用录像机、录音机等仪器设备。如果观察者能够亲自到达观察现场，可以采用直接观察；如果观察者不能够到达现场，可以采用间接观察。

（3）编制观察工具　通过观察法获取的相关数据需要通过合适的观察工具进行记录。观察工具主要包括观察提纲以及相应的观察记录方法。观察提纲是观察者开展观察时的大体框架，需要包含六个方面的要素，分别是观察情境中的人（Who）、观察情境中对象的行为表现（What）、该行为表现的发生时间和持续时间（When）、行为表现的出现地点（Where）、行为表现出现的方式（How）以及行为表现出现的原因和机制（Why）。观察提纲只是大致的框架，为观察者开展观察提供一个方向，而观察记录方法是观察者用以记录观察数据的具体工具，大致有如下 7 种（刘电芝，2011；张其智等，2015）。

① 日记描述法是指观察者对观察对象进行长期的跟踪观察，以日记的形式描述性记录对象行为表现的方法。作为一种在自然情境中持续进行观察的研究方法，较易获得持续时间较长、细节丰富、真实可靠的第一手资料。但其观察结果会受到观察者的主观因素影响，观察记录带有观察者的感情色彩和主观偏见，与此同时观察者需要长期的、持之以恒的跟踪观察，这将耗费大量的时间和精力。

② 轶事描述法是指观察者将观察提纲中涉及的且认为有价值的和有意义的行为、反应和行为事件随时记录下来，并供日后分析的一种观察方法。该方法简单、灵活，且对观察记录表无严格要求，但同样受限于观察者的主观因素，体现在对"有意义"行为事件的选择和记录带有主观倾向，而且往往是事后追记，内容与事实可能有出入。

③ 连续记录法是指观察者对自然发生的事件或行为在一定时间内做连续而详细记录的研究方法。作为一种连续性、持续性观察记录的方法，该方法能记录较为具体的行为信息，较完整地保存所发生的行为或事件的情况，进而供反复观察分析。但其对观察设备的要求较高，需要花费较多成本、时间和精力处理原始记录资料。

④ 时间取样法是指研究者在预先设计的时间里观察记录确定的行为发生与否、发生的次数以及持续时间。该方法重点关注某一段特定时间内观察对象的行为表现，需要对观察对象进行相应限定和控制，以获取精准的数值型数据。读者需要注意该方法的研究范围只限于出现频率高的外显行为和事件，只能获取行为的频率资料，而不能保留行为的具体内容。

⑤ 事件取样法是指对某种与研究目的相关的、提前确定的、具有代表性的行为或现象的背景、起因、经过、结果、持续时间等方面信息进行观察和记录，进而获取代表性的行为样本、观察行为事件的全过程和背景材料，整体化程度高。然而该方法主要适用于非数值型数据的记录，不利于进行定量分析。

⑥ 查核清单法是指观察者将规定观察的项目预先列在表格中，并依据相应行为表现的出

现情况进行对应记录的方法。当出现此行为时，就在观察记录表上对应项目下面画钩。该方法目标明确，操作简单，具有诊断、测量的功能，但其只关注行为的出现与否，不保留行为的详细情况、背景资料等原始实况。

⑦ 等级评定法是指对观察对象进行观察后，用等级评定量表对所观察的行为事件的特征加以评定。与查核清单法不同，研究者在运用等级评定法进行观察记录的过程中就已经开始进行价值判断。作为一种偏定性的观察记录方法，等级评定法适用范围广泛、操作简单、比较经济，但也受限于研究者的主观因素，观察记录结果常伴有观察者的主观偏见，且不同观察者若对等级评定标准的理解不一致，容易造成观察记录结果的误差。

（4）训练观察人员　在多名观察者开展观察之前，需要对这些观察者进行培训，以提高观察者之间的互评信度。首先，研究者需要向观察者说明观察研究的整体框架，使他们完全了解观察研究的目的、意义、时间安排、人员分工和工作要求等，并详细讲解观察内容，将观察计划和观察提纲逐个读给观察人员并加以解释，确保他们对观察行为理解一致。其次，研究者需要演示和模拟观察和记录的方法，对观察中需要注意的问题进行解释。为了验证这些观察者已经完全知晓该观察活动的相关内容，还需要安排他们到要观察的实际情境中进行现场模拟观察。

5.3.2　数据收集阶段

数据收集阶段主要包括实施观察活动与收集观察数据2个步骤。

（1）实施观察活动　在观察者对观察研究的全过程具备清晰、一致的认识后，研究者就可组织观察者实施观察活动。实施观察活动的前提是观察活动的开展是为学校或场地管理者所允许的，在获取学校或场地管理者的知情同意后，观察者应当尽可能处在最佳观察视野。与此同时，考虑到被观察者的反应性效应，观察者还需要与被观察者建立友善、和谐的关系，尽量避免观察者对被观察者的影响。

在开展正式观察之前，观察者需要依据观察计划表做好相关准备工作。观察者需要注意以下几点。①观察位置的选择。在尽量不影响被观察者的前提下，观察者需要尽量选择最适合观察的位置。②主次因素的区分。观察者在通过观察人员的训练后，应对目标行为具备相当的感知能力，能够不被次要、无关、干扰性的因素所影响。③内在原因的感知力。观察者在开展观察时并不是依据观察记录表进行机械的计数，而是能一定程度说明观察对象做出该行为反应的原因并能说出进行某一次记录的依据。④偶然情况的洞察力。在观察过程中难免会出现观察计划之外的情况，这些偶然情况有时对解释某些一般规律具有一定的启示意义。观察者需要具备一定程度针对这些偶然情况的洞察力，这将有助于揭示观察对象内隐性的某些规律。⑤观察记录的严谨态度。观察者在记录观察现象时，需要秉持严谨、客观的研究态度，对正在观察的现象进行准确、及时的记录（刘电芝，2011）。

（2）收集观察数据　在完成观察前的准备工作后，观察者即可根据观察计划表开展实际观察。在观察过程中，观察者应当尽可能依据观察计划和观察提纲开展观察记录工作。为了保证数据的全面性，观察者应确保观察目标清楚地落在视野之内，可根据观察实际情况随时调整观察位置。一般而言，为了确保观察过程不偏离观察目的，观察内容不应被轻易更换。但若研究者在观察过程中发现原定计划确实存在不合理之处，那么观察者应当按照实际情况对观察内容进行调整，以求达成预期观察目标。

5.3.3 数据分析阶段

数据分析阶段主要包括整理观察数据、分析观察数据、撰写观察报告3个步骤，具体展开介绍如下。

（1）整理观察数据 在完成观察数据的收集后，研究者首先需要将较复杂的观察数据进行分类与整理，包括对原始数据的修补和编码。不同观察者在进行观察记录时，难免会出现纰漏和错误。因此研究者在获得第一手观察数据后，首先需要对观察记录进行修补，力求观察记录完整、准确。例如，修改明显错误的字词、不通顺或语法错误的语句等。编码是对观察数据的进一步整理，是研究者用某一概念、数字、符号对数据进行标记，进而帮助研究者分类揭示观察对象的某些变化特征或关系。常见的编码类型有过程编码、活动编码、策略编码、分类编码，这些编码的对象不同，但其出发点都是通过某些符号系统，帮助研究者进一步解析观察数据，并依据一定分类标准对观察数据进行归类、整理（张其智等，2015）。

（2）分析观察数据 在完成对观察数据的整理后，为了保证数据的时效性，研究者需要尽快对观察数据进行分析，借助观察设计中预先确定好的分析框架，对已编码的观察数据进行定量统计分析（如相关或差异的显著性分析），以揭示观察对象的某些规律。

（3）撰写观察报告 在对观察数据进行系统、科学的分析之后，研究者需要将观察数据所呈现的特征、规律或关系整理成文字材料。观察报告一般由标题、署名、摘要、关键词、主体（研究背景、研究内容、研究结果与讨论）与参考文献组成。限于篇幅，此处不具体展开叙述。

5.4 案例解读

为了帮助读者加深对观察法实践的认识，以下以蔡丰的硕士学位论文《高中化学教师优质课模型教学行为特征研究》（蔡丰，2019）为案例，展开具体阐述。

研究者首先明确了观察的问题与目的，将观察目的确定为"探查高中化学教师的模型教学行为的特征和水平"，并基于观察目的提炼出3个具体研究问题（见图5.3），再据此制定相应的观察计划（见图5.4）。

基于以上分析，为了探查高中化学教师的模型教学行为的特征和水平，本研究选择高中化学五类教学模型（尺度模型、理论模型、概念过程模型、图表模型、符号模型）的代表性主题，以教育部开展的"一师一优课，一课一名师"活动中该主题的课堂教学视频案例以及不同类型教师公开课视频作为研究对象，围绕以下问题开展研究：

（1）不同获奖等级优质课，教师在模型教学行为要素构成和水平上有何差别？

（2）不同类别的化学模型的教学，教师的教学行为有何差别？

（3）不同类型教师在进行同一主题模型教学时，行为上有何差别？

图5.3 观察法案例的研究问题

本研究选择 2017 年教育部办公厅开展的"一师一优课，一课一名师"活动中教师们的"晒课"视频作为研究对象。为解决研究问题（1）、（2），选取具有不同种类模型的教学内容的课例，一共选择了5种模型的10节课例，为了分析不同水平课堂的教师在模型教学行为上的差异，每种模型选择了两种不同获奖等级的课例（市优／部优），体现了样本选择的典型性。为解决研究问题（3），选择三名教师在同一教学内容上的公开课视频，进行"同课异构"的课堂观察对比分析，在与上面三位教师取得联系并征得同意，体现样本选择的代表性。观察的内容即化学教室的模型教学行为，观察的方式手段即对选取的 10 节课进行逐句的文字转录，利用课堂观察量表进行编码。

图 5.4　观察法案例的观察计划制定

　　在确定好观察计划后，研究者通过阅读领域相关文献与咨询专家学者的方式编制了相应观察工具，并试图建立工具的信度与效度（见图 5.5）。

　　研究者初步构建的量表包括一级维度、子维度及相关描述和水平划分，以上维度是如何划分的呢？通过文献检索模型建构式教学模式，发现学生模型建构的历程关键环节都包括模型建构、模型评估、模型修正、模型应用四个环节，将此确立为一级维度。通过文献检索模型教学构成要素，借鉴 Schwarz 模型中的 7 个维度，将其与一级维度进行对应，再结合对其他的教学模式分析讨论对子维度进行合并或增减，最终初步确立了本次研究初始的 8 个观察子维度。将初始构建的课堂观察量表发放给专家进行效度咨询，另外邀请两位化学教育研究者使用修订后的课堂观察量表对选取的部分样本课例进行编码，利用 SPSS分别检验子维度构成和水平的信度。参考专家教师建议，将量表修正为 4 个一级维度9 个子维度，每个子维度对应 4 个水平。

图 5.5　观察法案例的观察工具编制

　　在使用工具开展观察活动并收集观察数据后，邀请三位研究者独立对视频进行编码和水平赋值（见图 5.6），再汇总编码的结果（见图 5.7）。

视频转录

　　为了便于数据的采集和分析，本研究选择对于选择的课例进行逐句的转录的形式。转录的内容主要包括教师的语言，学生的语言，教师与学生的互动，教师 ppt 所呈现的内容以及教师的板书。教师的语言用【师】来表示，教师用 ppt 呈现的图像、图表或视频用【PPT】来表示，教师的板书用【板书】来表示，学生的回答、讨论、练习或探究活动用【生】来表示。这里为了区分，若是所有学生一起回答，用【生】表示，若是学生单独回答问题，用【生1】、【生2】……来表示。

连续记录法

视频编码

　　在转录完成之后，首先通篇阅读几遍转录文稿，删除无意义的转录内容，以便对于转录文本进行切片和编码。本研究将无意义的转录内容定义为：教师的口头语、语气词和维持课堂纪律的程序用语，这些内容与研究主题无太多的关联，因此视为为无效内容。然后再重新对转录文本进行阅读，判断其是否为课堂观察的指标，若是，则对该部分进行切片和编码。在此过程中，为了保证对于课堂教学片段的划分的有效性，笔者邀请其他两位从事化学教育研究的研究者同时对于课堂教学内容进行切片。

编码与水平划分

水平赋值

表 3-20　氧化还原课堂编码案例

时间	转录内容	编码
23:13-26:16	【师】好，这是周瑜遇到了黄盖，那万一周瑜遇到的不是黄盖呢？诸葛亮来了咋办？比如，直氧和氯气，它两的能力相差不大，都想抢别人的地盘，可是它又抢不过来，那还能是我们上面说的那种情况，都完全得到或者失去电子吗？	模型评估-外部一致性：结合氯

图 5.6　观察法案例的数据整理汇总

	化学键(部优)			甲烷(部优)			氧化还原反应(市优)		
	研究者1	研究者2	研究者3	研究者1	研究者2	研究者3	研究者1	研究者2	研究者3
建模情境	3	2	4	2	1	1	4	3	3
模型建立	3	3	4	1	2	1	3	3	3
描述与表征	3	4	4	2	2	1	2	3	2
外部一致性	2	2	2	4	1	3	3	2	3
内部一致性	1	2	1	1	2	0	2	3	2
要素构成	0	1	1	1	0	0	0	2	2
要素关系	2	2	2	1	1	1	1	1	1
解释与预测	4	4	4	5	3	4	4	4	6
模型发展	1	1	1	1	0	1	2	2	2

表3-21三位研究者单独编码结果表

图5.7　观察法案例的表格形式汇总编码结果

在观察者完成数据的整理与编码后，针对 3 个研究问题，研究者对编码后的数值型数据进行了相应的比较分析。为了回答第 1 个研究问题，研究者分别分析了不同获奖等级的优质课教师教学行为要素的数量（图 5.8）与水平（图 5.9）。针对第 2 个研究问题，研究者则对

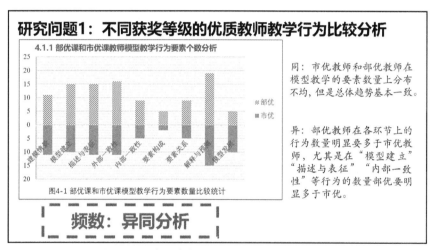

图5.8　观察法案例研究问题 1 的要素个数分析

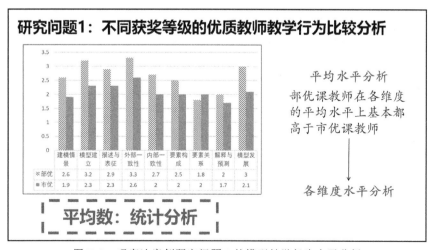

图5.9　观察法案例研究问题 1 的模型教学行为水平分析

不同类别化学模型的教学行为的要素与水平进行比较分析，并用统计图呈现分析结果（见图 5.10）。此外，研究者还对不同类型教师的模型教学行为个案进行了比较分析，以回答第 3 个研究问题（结果呈现见图 5.11）。

完成数据分析后，研究者再据此提炼相应的结论（见图 5.12、图 5.13、图 5.14）。

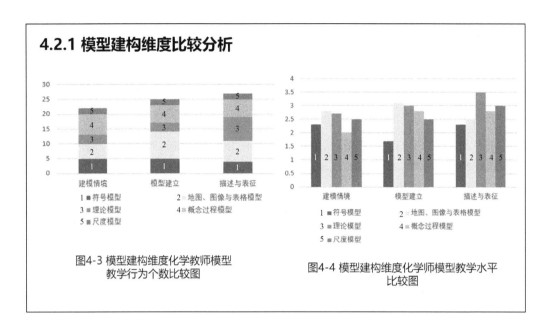

4.2.1 模型建构维度比较分析

图4-3 模型建构维度化学教师模型
教学行为个数比较图

图4-4 模型建构维度化学师模型教学水平
比较图

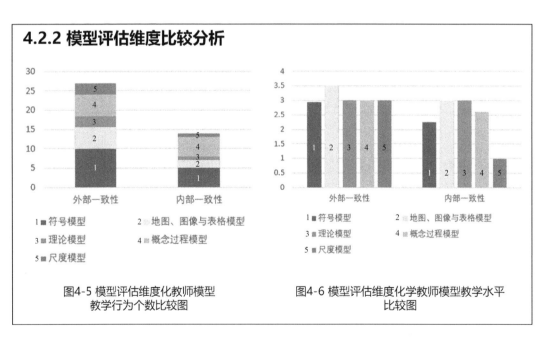

4.2.2 模型评估维度比较分析

图4-5 模型评估维度化教师模型
教学行为个数比较图

图4-6 模型评估维度化学教师模型教学水平
比较图

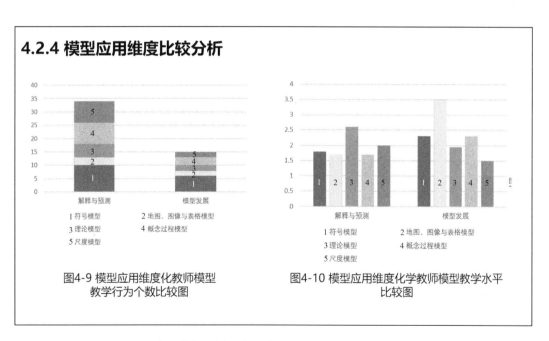

4.2.3 模型修正维度比较分析

图4-7 模型修正维度化教师模型
教学行为个数比较图

图4-8 模型修正维度化学教师模型教学水平
比较图

4.2.4 模型应用维度比较分析

图4-9 模型应用维度化教师模型
教学行为个数比较图

图4-10 模型应用维度化学教师模型教学水平
比较图

图 5.10　观察法案例不同维度不同类型模型的教师教学行为比较分析

研究问题3：不同类型教师模型教学行为个案比较分析

根据评价量表对于3位教师的模型教学行为在各个维度出现的个数进行统计并依据统计数据制作三位教师模型教学行为要素数量图，如图4-11所示：

图4-11 三位教师模型教学行为要素数量图

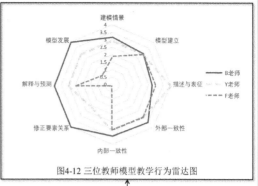

图4-12 三位教师模型教学行为雷达图

取平均值做雷达图

模型教学统计比较分析 ——→ **模型教学行为具体比较分析**

图 5.11　观察法案例不同类型教师模型教学行为个案比较分析

（1）部优课和市优课模型教学行为比较从部优课和市优课的比较上来看，两者在模型教学的行为数量的变化趋势保持一致，即在"建模情境""模型建立""描述与表征""评估外部一致""解释与预测"五个要素上表现出的数量较多，其他四个维度表现出的行为数量较少。而部优课教师在这四个维度的数量明显高于市优课教师，说明市优课教师对于模型建立的理论基础了解不足，不能够从理论上对于模型的构成要素和要素的合理性进行说明；较少关注到模型发展的过程，缺乏对模型的修正行为；忽略了对于教授模型的进一步发展。

图 5.12　观察法案例的研究结论1❶

（2）不同类型模型教师教学行为比较。首先，教师在五种模型的教学上具有一些共同的特征，都表现出在模型建构环节和模型应用环节出现的行为数量较多，而在模型的评估和修正环节出现的行为数量较少。说明教师更加关注模型建立的结果，而忽视了科学模型形成过程中的模型评估和修正方法的传授。在模型评估环节，评估模型的"外部一致性"比评估模型的"内部一致性"行为要多，说明大多数教师没有关注对于模型内部一致性的建构。其次，五种模型的教学上也表现一些不同的特征，不同类型的模型教学课体现出不同的特点。符号模型授课中，教师更加重视学生对于模型书写规则的掌握，教师的评估和修正行为较多；理论模型比较抽象，教师出现描述与表征行为比较多；图像与表格的教学中，掌握要素关系是模型教学的重点，教师通常会对要素关系进行多次修正；在概念过程模型的教学中，由于涉及多个概念的发展转变，教师常会通过多重情境的创设，分析原有模型的局限性，再通过多次的修正建立现有科学模型；尺度模型通常不是教学的重点，常常作为辅助模型出现，因此出现的模型教学行为较少。

图 5.13　观察法案例的研究结论2

---

❶　研究结论1不代表笔者个人观点。

（3）在模型教学行为要素数量上，专家型教师要多于经验型教师和新手型教师，说明专家型教师更加关注从建模角度进行模型教学。在模型教学行为水平上，专家型教师整体高于经验型教师，经验型教师整体高于新手型教师，说明教师模型教学行为水平会随着教龄的增加而有所提升。具体来说，专家型教师在建模情境上更加丰富，所用的情境也更加能为模型的建立、评估和修正提供数据，更加能解释宏观的现象。而且专家型教师更加关注评估和修正过程，在教学过程中设计多个的过程模型，基于对已有情境的关键要素的分析或者提供新的资料，帮助学生逐步建立科学的模型。在模型的应用环节，专家型教师更加关注模型的发展，通过在新的情境中创设问题，促进学生对于模型的迁移运用以及对于模型本身的适用范围和局限性的思考，发展学生对于模型的高阶认知。

图 5.14　观察法案例的研究结论 3

5.5 优势局限

观察法研究主要具有以下优势：（1）可靠性高，在直接观察法中观察者和观察对象处于同一情境之中，能够对研究对象的活动和当时情境特点进行即时的观察和记录，获得大量可靠的第一手资料；（2）操作简单易行，通常不需要特殊、复杂的仪器设备，不需要掌握较高难度的专业理论和技术；（3）适应性强，适用于更多的研究对象群体，例如无法或不能正常采用口头或书面语言报告自身观点的人群，以及在调查研究中不配合的研究对象。

虽然观察法用途广泛、简单易行，但该方法本身以及应用过程方面也存在一定局限性。譬如，在方法本身方面，观察法的解释性相对较弱，比较适用于研究外在行为，而在解释行为现象发生的原因和机制方面稍显不足。受限于客观的观察条件和观察者的感知力与洞察力，观察法似乎更适用于人数较少且较为集中的研究，进而在一定程度上削弱研究结果的可推广性。另外，在应用过程方面，观察法对观察工具的要求较高，且观察者的介入会导致被观察者的行为发生改变，从而影响研究结果的信度与效度。此外，由于对行为现象的观察记录主要依靠观察者对目标行为的感知力和洞察力，受限于不同观察者的教育背景、经历与价值观等因素，不同观察者得出的观察结果可能也有不同。

 要点总结

观察法是指研究者通过感觉器官或科学辅助仪器，有计划、有目的地对自然状态下的客观事物进行系统、连续的观察，准确、详细地记录，从而收集相关资料，获取科学事实的一种科学研究方法，具有目的性、计划性、系统性、自然性。

按照是否借助仪器设备，观察法可以分为直接观察法和间接观察法；按照观察者是否参与活动，观察法可以分为参与观察法和非参与观察法；按照情境是否干预，观察法可以分为自然观察法和实验观察法；按照是否有明确观察项目，观察法可以分为结构式观察法和非结构式观察法；按照观察时间安排不同，观察法可以分为定期观察法和追踪观察法。

观察法在化学教育研究当中的运用可归纳为以下几个场景：研究化学教师的教学活动、研究学生的化学学习活动以及研究化学课堂中化学教师与学生的交互关系。

观察法的实施包括观察设计阶段（明确目的问题、制定观察计划、编制观察工具、训练观察人员）、数据收集阶段（实施观察活动、收集观察数据）以及数据分析阶段（整理观察数据、分析观察数据、撰写观察报告）。

观察法的优势如下：①可靠性高，能够对研究对象的活动和当时情境特点进行即时的观察和记录，获得大量可靠的第一手资料；②操作简单易行，通常不需要特殊、复杂的仪器设备，不需要掌握较高难度的专业理论和技术；③适用性较强，适用于更多的研究对象群体。然而，观察法并不是一种普适性的研究方法，它也存在一定的局限性。在方法本身方面的局限性：①解释性较弱，难以解释行为现象发生的原因和机制；②普遍性不高，只适用于人数较少且较为集中的研究。在应用过程方面的局限性：①对观察工具的要求较高，观察工具的可靠性和有效性对观察结果的影响较大；②被观察者存在反应性效应，观察者的介入会导致被观察者的行为发生改变，被观察者不是在真实的自然条件下做出反应；③观察者的主观性，行为现象的观察记录依靠观察者对目标行为的感知力和洞察力，由于不同观察者的年龄、性别、教育背景有差异，不同观察者得出的观察结果可能也有不同。

 问题任务

请简述你对观察法含义的理解。

请基于化学教育研究领域，举例说明观察法的特点、适用范围。

试述观察法实施过程的步骤流程。

在化学教育研究中，你认为可通过哪些途径尽可能克服观察法的局限性？

任选一篇化学教育观察法的研究论文，结合观察法的设计思路分析该论文中的设计方案，并与同伴讨论。

请在导师的指导下，同时结合你自己的研究兴趣，拟定一个研究主题，然后尝试基于观察法的基本步骤，初步完成一个观察法研究的设计方案。

 拓展阅读

梁永平，张奎明.教育研究方法[M].济南：山东人民出版社，2008.（理论与方法）

李浩，陈元.教育研究方法[M].成都：西南交通大学出版社，2018.（理论与方法）

刘淑杰.教育研究方法[M].北京：北京大学出版社，2016.（理论与方法）

蔡丰.高中化学教师优质课模型教学行为特征研究[D].武汉：华中师范大学，2019.（观察法的具体应用）

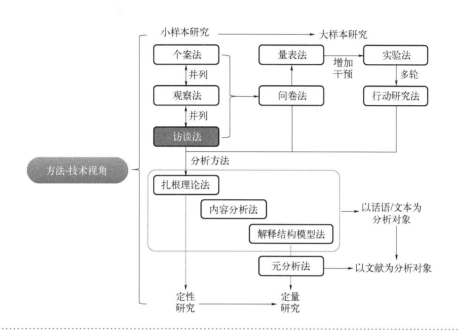

【课程思政】 谈话的艺术是听和被听的艺术。

——赫兹里特

 本章导读

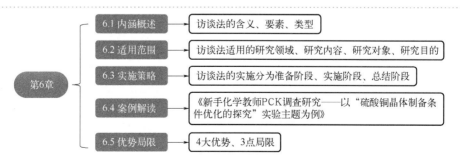

通过本章学习，你应该能够做到：

- 简述访谈法的含义

- 列举并解释访谈法的不同类型
- 辨识访谈法的适用范围
- 简述访谈法的实施策略
- 说出访谈法的优势与局限性
- 初步设计应用访谈法的化学教育研究

6.1 内涵概述

访谈法（interview），又称谈话法和访问法，指研究者或访谈者（interviewer）与访谈对象或受访者（interviewee）通过交谈来收集数据的调查方法，其中交谈特指某种有目的性的、个别化的交谈（徐红，2013；杨威，2001）。对于化学教育研究领域而言，访谈法可以理解为一种化学教育研究者根据所确定的研究主题与目的，使用访谈提纲或问题，与受访者进行交谈互动，从而系统有计划地收集第一手数据的一种定性研究方法。

需要注意的是，访谈与日常谈话是有区别的。首先，在交谈目的方面，访谈根据严格的研究计划，紧紧围绕研究问题设计出大致的访谈提纲，以期望收集数据、调查实际情况，具有非常明确的目的性和计划性；而日常谈话则较为随意，目的性与计划性不强。其次，在交谈内容方面，访谈主要围绕着访谈主题进行；而日常谈话通常没有固定的谈话主题，还可能进行跳跃式交流。最后，从交谈中所使用的问题形式来看，访谈的问题类型包括封闭式和开放式 2 种，而日常谈话则没有固定的问题形式。

6.1.1 访谈法的要素

可以从访谈对象、方式、目的和工具四大要素综合理解访谈法的含义。在访谈对象方面，研究者可以采取不同抽样方式选择有代表性的访谈对象；在访谈方式方面，包括个别访谈、集体访谈、直接访谈、间接访谈、正式访谈和非正式访谈等方式；在访谈目的方面，访谈主要是为了收集数据、调查实际情况；在访谈工具方面，既包括访问提纲、问卷等主体工具，也包括录音机、网络等辅助工具。

6.1.2 访谈法的类型

根据不同的分类标准，可对访谈法进行不同类型的划分（见图 6.1）。

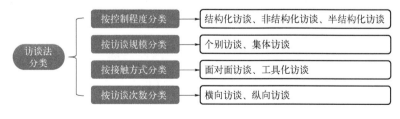

访谈法分类	按控制程度分类	结构化访谈、非结构化访谈、半结构化访谈
	按访谈规模分类	个别访谈、集体访谈
	按接触方式分类	面对面访谈、工具化访谈
	按访谈次数分类	横向访谈、纵向访谈

图 6.1 访谈法的类型

（1）若按控制程度划分，访谈法可以分为结构化访谈（structured interview）、非结构化访谈（unstructured interview）以及半结构化访谈（semi-structured interview）。结构化访谈（或称标准化访谈）是按照统一设计的、有一定结构的调查表或问卷表进行访谈，是一种高度控制的访谈。与标准化访谈相反，非结构化访谈（也称非标准化访谈）事先不制定统一的调查表或问卷，而是按照一个粗线条的提纲或主题进行自由访谈。而半结构化访谈是一种介于结构化访谈和非结构化访谈之间的访谈形式，是指研究者根据研究的要求与目的，按照具有标准化访谈题目的问卷或访谈提纲，在访谈过程中根据受访者的回答对访谈问题进行适当、灵活地调整或提出新问题，从而收集更可靠的数据。这3种访谈方法各自的优缺点如图6.2所示。

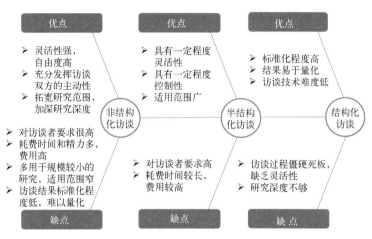

图6.2 结构化、半结构化与非结构化访谈的优缺点

（2）若按访谈规模划分，访谈法可以分为个别访谈（individual interview）和集体访谈（group interview）。个别访谈是指访谈者对每一个受访者逐一进行单独访谈。这种面对面的个别访谈能让受访者感到被重视，从而更可能真实地表达自己的观点，故在化学教育研究中使用较为普遍。与个别访谈不同的是，集体访谈（也称团体访谈或座谈）一般需要多名受访者，有助于研究者能在较短的时间里收集到较广泛、较全面的数据，效率相对较高。为了提升研究的值得信任度，研究者有时需要对参加座谈的受访者进行筛选，以保证受访者的代表性；同时受访者人数一般不超过10人，7~8人较为合适。在集体访谈中，访谈者可以有意识地创设自由与轻松的讨论氛围，尽最大努力保证受访者能畅谈自己的真实想法或感受。然而，集体访谈不太适合对某些敏感问题（如学校管理层对化学教师专业发展的支持措施方面）进行调查，且调查对象可能在群体中产生从众心理，无法提供真实有效的信息（刘电芝，2011）。

（3）若按接触方式划分，访谈法可以分为面对面访谈（face-to-face interview）和工具化访谈（instrumental interview）。顾名思义，面对面访谈指的是访谈者与受访者之间面对面的直接交谈。这种访谈方式包括"走出去"和"请进来"两种，访谈者可以到受访者所在地点进行实地访谈，受访者也可以到达指定地点接受访谈。在直接访谈中，访谈者可以获取到受访者表情、神态、动作等非言语信息，有助于促进访谈更为深入（张莉等，2018）。工具化访谈则指访谈者借助某种工具（如手机短信、电话或网络）对受访者进行访谈以收集相关数据。这种访谈方式不受空间限制，可以减少访谈者与受访者双方来往的时间、精力和费用，比较适用于受访者因地域或时间限制而无法参与访谈的情况，也适用于对受访者非言语信息要求不高的研究主题，以及某些较为敏感的研究主题和受访者由于重视隐私而不愿露面的情况（杨延宁，2014）。

（4）若按访谈次数划分，访谈法可以分为横向访谈和纵向访谈。横向访谈（也称一次性访谈）指的是同一时段对某一研究问题进行一次性数据收集的访谈；它一般需要一定数量的受访者。该访谈方式以收集事实性材料为主，访谈时间短，受访者需要花费的时间较少，一般常用于定量研究。纵向访谈（也称多次性访谈）则指对同一样本进行至少 2 次的访谈以收集数据，属于深度访谈。纵向访谈允许研究者对某个问题或现象进行更深层次的探讨，故常与个案法或观察法等定性研究方法结合使用（张其智等，2015）。

访谈法的类型多种多样，但一个访谈可能同属于两种或两种以上不同的类型，比如直接访谈同时是纵向访谈或非结构化访谈，个别访谈同时是半结构化访谈。访谈者可根据具体的研究需要扬长避短，灵活运用各种访谈方法。

6.2 适用范围

访谈法的适用范围较广，以下主要从研究目的、领域、内容与对象 4 个方面展开说明。在研究目的上，访谈法主要适用于：（1）研究者需要从多角度对事件进行深入、细致、全面地了解（如学生在理解电化学体系时存在的困难及其原因）；（2）研究者需要在发展量表工具之前初步了解某个概念或主题的内涵（如化学基本观念），以更有效地划分或设计子量表或从属维度（如"元素观""变化观"等）；（3）研究者需要把握受访者的有关经历（如职业成长历程），以更好地了解他们的感受及其意义解释（如化学教师的核心素养教学观）。在研究领域上，访谈法适用于教育调查与征求意见等（如对学生化学学习态度的调查研究）。在研究内容上，访谈法适用于价值观念、情感信仰、心理体验等方面的研究（如对化学教师教育信念的研究）。在研究对象上，除了口语表达不便的人以外，访谈法几乎适用于所有研究对象，尤其是书面表达能力欠佳的学生。

6.3 实施策略

访谈法的实施策略可分为三个阶段，分别是准备阶段、实施阶段和总结阶段（见图6.3）。

图 6.3 访谈法的实施策略

6.3.1 准备阶段

在准备阶段，研究者需要制定访谈计划，尤其需要根据研究目的确定访谈目的和主题、确定访谈类型与确定访谈对象。如前所述，访谈类型包括结构化访谈或半结构化访谈，个别访谈或集体访谈等。对于个别访谈，需要选择具有代表性的对象，如问卷调查结果中较为典型的对象。对于集体访谈，需要综合考虑受访者的年龄、性别和专业知识背景等，以及受访者之间的互补性、组成团体时可能产生的团体动力等。在制定访谈计划后，开始编制访谈提纲。首先需要确定提纲的形式，例如问题罗列或访谈记录表。然后要确定提纲的内容，这些内容可分为基本内容和问题内容。基本内容包括标题、时间、地点以及受访者基本信息等。问题内容则需要根据研究目的划分访谈问题的维度或方面、确定具体问题的内容和数目。接着要检验提纲的内容效度，这一步可以邀请专家来进行审查。

优质的访谈提纲仍需要配搭良好的访谈技巧，故研究者需要在正式访谈前学习科学有效的访谈技巧，以更有效地保证访谈的质量。基本的访谈技巧大致可以分为提问技巧、倾听技巧、回应技巧和非言语技巧等。譬如，研究者在提问时需要紧紧围绕主题，表达明确清晰，根据受访者的回复巧用追问，同时需要避免引导性提问。在倾听受访者的回答时，需要有自然的肢体反馈，向其表达自己在认真听，必要时还需与之共情。由于受访者的性格多样，对于一些较为内向的受访者，需要有一定的沉默容忍度；而对于健谈的对象，则要注意避免打断其发言。在回应时，访谈者态度要诚恳，可以总结概括受访者所说的内容，但注意避免对其回答做出评价。必要时访谈者也需要自我暴露，让受访者能对自己多些信任，从而获取更真实的访谈数据。此外，访谈者在整个访谈过程中，还需注意非言语行为，譬如肢体语言、眼神、面部表情。若研究设计涉及集体访谈，还需培训若干访谈者和记录员。由于访谈是一项实操性很强的技能，因此在实际操作中，访谈者需要灵活运用以上技巧。

在具备足够的访谈技巧后，研究者则可进入试谈环节。首先需要明确试谈的目的，即检查设计的问题或者提问的方式是否恰当，受访者的回答是否与期待获取的数据相一致。然后确定试谈对象，试谈对象与正式访谈对象一般不是同一个体或团体，但基本情况应相似。在试谈时，研究者需要像正式访谈一样做好充足的准备和详细的记录，这样有助于发现访谈提纲及技巧方面的问题；同时也不必严格按照访谈提纲进行，可根据实际情况进行调整，因为在试谈的过程中可能会有新的想法，可为之后修改提纲提供参考。试谈完毕后，可以根据试谈所获得的访谈数据对原访谈提纲的问题进行调整，例如调整问题的数量和顺序、修改措辞等。修改调整后，需要邀请专家重新审核提纲的有效性。此外，研究者还需要对其他事项工作（包括设备切换、受访者座位安排、记录员的记录工作等）进行优化等。

准备阶段的最后一步是预约访谈对象（或受访者）。在预约时，需要详细告知预约对象自己的身份以及访谈的目的、内容、时长及保密原则等，发送访谈知情同意书并询问是否同意录音、录像、集体访谈等。在受访者同意访谈后，再进一步与其确认访谈具体时间、地点等。需要注意的是，由于集体访谈需要的场所通常较大，因此还需提前预约借用访谈室，如学校的会议室、办公室等。

6.3.2 实施阶段

访谈前的准备完成后，就可以正式进入访谈的实施阶段。首先，访谈者要携带好相关工具到达访谈现场，建议提前 10～15 分钟到达现场。与受访者见面时，最好再次介绍自己和访谈目的，以提高访谈的效率。同时要注意礼貌，与受访者建立起良好关系，以便促进访谈的开展。尤其在访谈前要注意说明相关的保密性事项，并征得受访者的同意才可以进行录音或者录像等，隐私性问题应该引起高度的重视。营造好氛围后，可以按计划开展访谈，并做好访谈记录。需要注意的是，访谈者应尽量将访谈时间控制在半小时内，并在访谈结束后赠送一些小礼物给受访者，以表示感谢。

6.3.3 总结阶段

正式访谈结束后，研究者需对访谈数据进行整理，在这个过程中，研究者要牢牢把握实事求是的原则，将录音或录像数据转化为电子文本时一定要原话呈现，不可随意增减或修改。转为电子文本后，需要对文本进行分析和编码，即对数据进行分类得出框架或按照已有框架对数据进行归类。整理数据后，需要进行信度分析，访谈法一般采用的是评价者间信度分析，可以利用 Spearman 等级相关系数和 Kendall 和谐系数计算。在确保数据的信度后，研究者即可根据研究目的对数据进行分析、描述和解释，并按照一定的格式撰写研究报告。

6.4 案例解读

为了更好地理解访谈法，以下将以笔者指导的硕士学位论文《新手化学教师 PCK 调查研究——以"硫酸铜晶体制备条件优化的探究"实验主题为例》（林泽坤，2022）为案例，展开具体性说明。首先，研究者在文献综述过程中，对国内外化学 PCK 理论研究和实证研究进行系统梳理，进而归纳得出 3 个研究问题（见图 6.4）。

（1）新手化学教师"硫酸铜晶体制备条件优化的探究"实验主题认知型PCK 的结构与水平如何？
（2）新手化学教师"硫酸铜晶体制备条件优化的探究"实验主题实践型PCK 的结构与水平如何？
（3）新手化学教师"硫酸铜晶体制备条件优化的探究"实验主题认知型PCK 与实践型 PCK 是否存在显著差异？

图 6.4 访谈法案例的研究问题

针对上述研究问题，研究者采用《硫酸铜晶体制备条件优化的探究 PCK 量表式问卷》收集新手化学教师认知型 PCK 的数据，采用"硫酸铜晶体制备条件优化的探究"教学设计收集新手化学教师实践型 PCK 的数据，并通过半结构化访谈对数据进行补充和解释。访谈法在该研究中作为一种辅助型的数据收集方法。

在访谈法准备阶段，研究者首先确定访谈目的（见图 6.5）并编制访谈提纲（见图 6.6）。在实施阶段，采用面对面和工具化相结合的半结构化访谈方法。譬如，在访谈过程中，访谈者及时记录重要信息或细节，及时追问和补充说明。访谈结束后，向积极配合本次研究工作的受访者表示感谢，并及时命名、保存好录音录像文件。

量表式问卷不可避免地忽略了对实验主题教学的具体认知情况，教学设计中难免存在着表意模糊的部分，且编码、分析过程具有一定的主观性。为此，在对量表数据和教学设计进行初步分析后，采用半结构化访谈深入了解新手化学教师对实验教学的认知和实施的具体细节，对相应的数据进行补充、解释和支持尤为重要。

图 6.5　访谈法案例的访谈目的

半结构化访谈的问题主要从PCK各组分内涵出发进行设计。譬如，"学生为什么要学习这个探究类实验？""如何在教学中确定学生的学习情况？""学生在进行探究类实验时可能会遇到哪些困难？产生的原因是什么？""选择教学策略与表征的原因是什么？""如何理解教学评价"等。

图 6.6　访谈法案例的访谈提纲

在总结阶段，研究者首先将录音文件转为文本材料（见图 6.7），然后对访谈数据进行整理与分析（见图 6.8），并对分析结果进行信度检验（见图 6.9）。

问题：在开展科学探究的实验教学时，你会选用哪些教学策略？

T6：首先肯定会优先选择小组合作策略。小组合作更能够激发起学生探究的活力和欲望，也更有助于增强实验方案的可能性，毕竟学生之间会考虑到一些不同方面的影响。也可能会考虑使用翻转课堂策略，其实这是从自身中学阶段的信息技术课和综合实践课接触到的，后来本科阶段时老师们也经常用。但是曾经有过课堂"失控"的经历，所以会比较谨慎地运用，课前也需要做足准备。

问题：你为什么会选择小组合作策略？

T6：这跟自身的学习经验和知识储备有关吧。对于实验课可以用到的教学策略了解得不是很够，平时也是借鉴别人的教学设计，或者参考中学化学实验教材。在本科的时候，教学论课程对于实验这一块的理论知识没有提及，因为可能更多的是侧重于常规课堂上的教学，实验教学的知识比重很小。对于一些教学策略的迁移应用的训练也非常少，相对来说，小组合作策略可能更具有普适性。

图 6.7　访谈法案例的访谈记录

问题：你是如何理解"教学评价"的？

T10：如果说要分出轻重的话，对于"教"肯定是最为熟悉的，但是"评"也是十分重要的，因为评价才体现出学生真正所学，教的主体一般都是教师，但是评可以教师评，也可以学生评，两种可以同时存在。生生自评在实验课中体现得比较多，小组合作的时候，同组的同学自然而然会评价实验操作、实验现象，会直接反馈出来做得怎么样。教师评价主要就是通过师生之间的问答，也是能够实现的。

分析：属于PCK中的KoA（评价知识）组分，包含了评价目的、评价主体、评价方法的相关内容。

图 6.8　访谈法案例的访谈分析

为保证文本识别和编码的准确性，处理过程主要由两位同为PCK研究方向的研究者分别进行，随机抽取了30%的编码数据，结果达到了90%的一致性。针对编码内容和评价结果不一致之处，则与一名PCK研究领域的专家共同讨论，直到达成共识，即本研究具有互评信度。

图6.9　访谈法案例的信度分析

6.5 优势局限

目前，已有不少研究使用访谈法收集数据，这与访谈法所具有的广泛性、互动性、灵活性、深刻性等优势有关。

（1）广泛性　访谈法的适用范围广，对受访者要求较低。除了有语言表达障碍的人，任何人都可以作为受访者，尤其是对书面表达能力较差的儿童和因受教育程度较低而无法进行问卷作答的人。因此访谈法对于不同年龄、不同文化程度的受访者均适用。

（2）互动性　访谈法具有生动的特点并有助于情感交流，研究者可以通过访谈过程中的相互启发，获得更深刻可靠的数据。主要表现在两方面：一是访谈者与受访者面对面进行谈话，是一个互动的、双向沟通的过程，双方均有明确的参与感；二是双方相互作用、相互影响，访谈者的素质、水平和提问技巧会对受访者产生影响，受访者的素质、水平和表达能力也会对访谈者产生影响。观察法和问卷法主要是单向的调查。

（3）灵活性　访谈法在访谈内容上相对灵活，不容易受书面文字的限制，方便调整，收集数据更有针对性。灵活性主要表现在三方面：一是访谈双方可以打破提纲的限制，访谈者能够根据具体情况随时调整问题的顺序，灵活地交流一些提纲中未提到的但与调查主题有密切关系的新问题，尤其是访谈者不清楚的重大问题，在访谈过程中可以顺着受访者的回答进一步深入访谈；二是当受访者对某一问题产生误解时，访谈者可以对该问题做出较详细的说明；三是受访者对某些较为敏感的问题存有疑虑而不愿直接回答时，访谈者可侧面询问对方对该问题的态度，或通过诚恳的交流和必要的解释等方法消除对方的疑虑。因此，访谈法比观察法和问卷法具有更大的灵活性。

（4）深刻性　访谈者可以深入受访者内部了解其思想动机和心理活动，能进行较复杂的研究。且访谈者可以根据互动过程中生成的新问题或针对受访者的回答进行拓展性提问。

凡事有利必有弊，访谈法存在优势的同时也具有一定的局限性。下面将介绍访谈法的局限性及对应的弥补措施。

（1）来自受访者的局限性　访谈法的样本较小，信息量小，成本较高导致该方法推广受限。为了提高推广性，可以选择具有代表性和典型性的样本，采用集体访谈、线上访谈等方式。此外，访谈过程中受访者容易产生戒备心，受社会期望的影响容易导致获得数据的真实性下降。因此，需要对访谈者进行培训，提高其语言表达能力和共情能力，塑造良好的个人形象。还可以选择在非直接目的的谈话背景下进行访谈，并结合观察法等其他方法收集数据。

（2）来自访谈者自身的局限性　访谈者的错记、漏记及带有主观意向的提问等容易产生偏差。为了减少这一偏差，可以使用录像机、录音笔等影音设备记录，也可以采用全面培训访谈者、认真计划和组织访谈、进行专门的速记训练等方式改进，此外还可以请受访者评价访谈者的综合表现。访谈者对获得的数据进行整理与呈现时容易受到主观选择的影响。因此，需要增加研究人员数量，采用多种方法收集数据，应用多种方法分析数据，对数据收集和分析进行"三角互证"，以提高研究的信效度。

（3）来自访谈法本身的局限性　访谈费时、费力、开销大，且某些研究主题难以找到受访者。访谈法的调查结果个性化程度高，统计分析困难，因此需要与问卷法、测验法、量表法等结合使用。

 要点总结

访谈法指研究者根据所确定的研究主题与目的，使用访谈提纲或问题，与访谈对象进行交谈互动，从而系统有计划地收集数据的一种研究方法。

访谈法有四大要素，分别是访谈对象、访谈方式、访谈目的和相关工具。

访谈法有四种分类方式。按照控制程度划分，可分为结构化访谈、半结构化访谈和非结构化访谈；按照访谈规模划分，可分为个别访谈和集体访谈；按照接触方式划分，可分为面对面访谈和工具化访谈；按照访谈次数划分，可分为横向访谈和纵向访谈。

在研究领域上，访谈法适用于教育调查、心理咨询、征求意见等。在研究内容上，访谈法适用于价值观念、情感信仰、心理体验等内隐性内容。在研究对象上，除了口语表达不便的人以外，访谈法适用于所有人。在研究目的上，访谈法适用于以下三种情况：一是某项研究需要从多角度对事件进行深入、细致、全面的了解；二是某项研究需要初步了解真实情况，如问卷编制前的访谈；三是某项研究需要把握受访者的生活经历及亲身经历过的事件，并了解他们的感受及事件的意义。

访谈法的实施策略可分为三个阶段，分别是准备阶段、实施阶段和总结阶段。准备阶段包括制定访谈计划、编制访谈提纲、学习访谈技能、试谈、修改访谈提纲、预约访谈对象六个步骤。实施阶段包括营造融洽访谈氛围、按计划进行访谈、做好访谈记录、结束访谈四个步骤。总结阶段包括整理访谈内容、分析数据的信度、统计并分析数据得出结论、撰写研究报告四个步骤。

访谈法的主要优势包括广泛性、互动性、灵活性、深刻性等。然而，它也存在一定的局限性：一是来自受访者的局限性，访谈法的样本较小，信息量小，成本较高导致该方法推广受限，访谈过程中受访者容易产生戒备心，受社会期望的影响容易使获得的资料真实性下降；二是来自访谈者自身的局限性，访谈者的错记、漏记及带有主观意向的提问等容易产生偏差，访谈者对获得的资料进行整理与呈现时容易受到主观选择的影响；三是来自访谈法本身的局限性，访谈法的调查结果个性化程度高，统计分析困难。

 问题任务

请简述你对访谈法的理解。

请基于化学教育研究领域，举例说明结构化访谈、半结构化访谈和非结构化访谈，个别访谈和集体访谈，面对面访谈和工具化访谈，横向访谈和纵向访谈应用情境的差异。

任选几篇化学教育研究论文，分析其中的访谈提纲设计，并与同伴讨论。

任选几篇化学教育研究论文，分析其中的访谈数据分析方法，并与同伴讨论其异同。

在化学教育研究实践中，可通过哪些途径尽可能地克服访谈法的局限性？

请在导师的指导下，同时结合你自己的研究兴趣，拟定一个研究主题，初步尝试设计一个应用访谈法收集数据的研究方案，并尝试拟定访谈提纲。

拓展阅读

梁永平，张奎明.教育研究方法[M]．济南：山东人民出版社，2008.（理论与方法）

刘淑杰，刘彩祥.教育研究方法[M]．北京：北京大学出版社，2016.（理论与方法）

徐红，方红，李浩泉，等.教育科学研究方法[M]．武汉：华中科技大学出版社，2013.（理论与方法）

伍春雨，邓峰，吴微，等.化学师范生变化观及其教学认识的调查研究[J]．化学教育（中英文），2020，41(10)：83-89.（访谈法的具体应用）

李培桐.中学生化学守恒观的实证研究[D]．广州：华南师范大学，2019.（访谈法的具体应用）

邓斯琦.高二理科生"化学平衡"迷思概念的诊断研究——基于三段测试题[D]．广州：华南师范大学，2019.（访谈法的具体应用）

第 7 章

问卷法

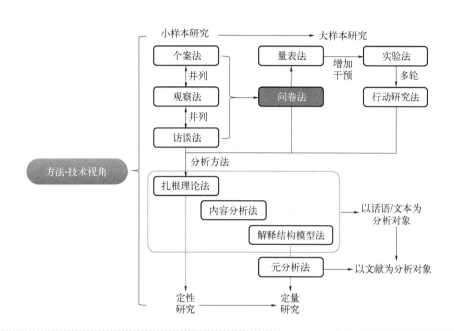

【课程思政】没有调查就没有发言权！

——毛泽东

 本章导读

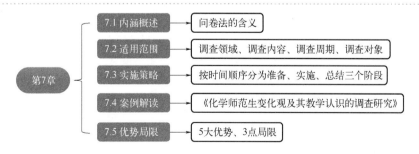

通过本章学习，你应该能够做到：

- 简述问卷法的含义
- 辨识问卷法的适用范围

- 简述问卷法的实施策略
- 说出问卷法的优势与局限性

7.1 内涵概述

问卷法（questionnaire），即问卷调查法，也称"书面调查法"，是以书面提出问题的方式搜集资料的一种研究方法。研究者将所要研究的问题编制成问卷，以邮寄、当面作答等任意可行的方式，请求被选取的调查对象填答，从而了解调查对象对某一现象或问题的看法或意见（梁永平等，2008）。问卷法既可作为一种独立的研究方法使用，也可以与其他定量或定性研究方法结合使用。不少学者倾向于将问卷法与访谈法统称为调查研究方法或调查法（survey），并主张在研究实践中整合二者。譬如，化学教育研究者可以将问卷作为一种工具，结合访谈法（见第 6 章）向受访者提问一些具体的调查问题，而受访者同时也可以在调查问卷上作答，对这些数据的综合收集与分析有助于研究者更全面地了解所探查的化学教育现象。

7.2 适用范围

问卷调查法的适用范围可从调查领域、调查内容、调查周期、调查对象四个方面来看。在调查领域上，问卷调查法的应用范围很广泛，社会学、管理学、心理学、教育学等学科均有涉及。在调查内容上，适用于不同层次的问题研究，由浅到深分别可以应用于现状描述的调查、问题原因的调查以及预测趋势的调查（刘德磊等，2018）。在调查周期上，问卷调查法更适用于短周期的研究。在调查对象上，问卷调查法适用于样本容量大的调查，且能广泛用于对社会生活中具有不同背景人群的调查，但要注意的是，采用书面问卷时，调查对象应具有一定的文化程度，以确保能看懂问卷中的问题（黄梅，2018）。

7.3 实施策略

实施问卷调查法的步骤可根据时间顺序分为三个阶段：准备阶段、实施阶段、总结阶段（见图 7.1）。

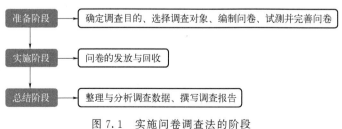

图 7.1 实施问卷调查法的阶段

7.3.1 准备阶段

准备阶段大致包括确定调查目的、选择调查对象、编制问卷、试测并完善问卷四个步骤（朱德全，2006），具体介绍如下。

（1）确定调查目的。问卷调查的第一步是要明确调查的目的，即通过问卷调查要解决什么研究问题，再根据这一目的选择调查对象、限定调查范围、编制调查问卷、分析调查结果等。

（2）选择调查对象。问卷调查法在一定程度上适用于大规模调查，但值得注意的是，当研究的总体非常大时，往往难以收集到每一个调查对象的数据。此时，为便于研究的开展，研究者需要从总体中抽取一定数量的、能代表总体的样本来开展调查，进而将分析得到关于样本的研究结论推广到总体中，以推论总体的情况。具体而言，调查对象的选择需要考虑调查对象的总体和样本以及采用的抽样方法。

首先，要确定的是调查对象的总体与基本特征，包括调查对象总体的范围与调查对象的年龄层次、职业属性等，进而确保选择的调查对象均在这一总体及其属性的范围之内。其次，研究者所选择的调查对象应具有代表性，即样本的属性能基本体现总体的属性，从而确保研究具有可靠性。一般而言，样本容量越大，越能够代表总体。然而样本容量越大，需要投入的人力、物力也越多，问卷的发放、回收、分析的难度也越大。因此，在确定样本容量时，研究者需要综合考虑这些方面，尽可能地选择大样本开展调查。

再者，研究者采用的抽样方法是否科学合理，会直接关系到样本是否具有代表性。抽样的方法有很多种，根据其是否遵循随机性原则可分为两类：概率抽样与非概率抽样。其中，概率抽样是以概率理论和随机原则为依据，使总体中的每一个单位被抽中的概率是完全均等的抽样方法。常用的概率抽样见表 7.1。

表 7.1　常见的概率抽样及其具体介绍

常用的概率抽样	具体介绍
简单随机抽样	简单随机抽样指用抽签或随机表等方式，随机地从总体中抽取若干个样本的方法。这种方法具有简单可行的优点，同时满足概率抽样一切必要的要求，保证每个总体单位都有相等的机会被选中
等距抽样	等距抽样指研究者需要先将总体中的单元按一定的顺序排列、编号，再根据总体数量和样本大小确定抽样的间隔数，最后在此间隔基础上抽取样本的方法。它的优点在于容易操作，并且比简单随机抽样法更简单
分层抽样	分层抽样的具体程序为先将总体的单位按某个标准分成几个类别，而后根据每个类别的数量在总体数量中所占的比例，来确定每个类别中需要抽取的样本数，最后按照这些样本数从各个类别中进行简单随机抽样，组成一个样本
多级抽样	多级抽样指在抽取样本时，按照抽样个体的隶属关系或层次关系，分为两个或两个以上的层级或阶段从总体中抽取样本的一种抽样方法。采用这一方法时，研究者首先需要按照某一标准将总体划分为若干个一级抽样单位，然后依据某一标准，将每个一级单位分成若干个二级抽样单位，以此类推，在每级单位中随机抽取样本。这一方法适用于总体范围大、数量多的情况
整群抽样	整群抽样指整群地抽样本单位，对被抽选的各群进行全面调查的一种抽样方法。具体操作为先将总体按照一定的标准分为若干个群，而后随机从中抽取几个群来作为样本。整群抽样的优点是实施方便、节省经费；缺点是不同群之间的差异可能会较大，由此而引起的抽样误差往往大于简单随机抽样

非概率抽样则是研究者根据自己的方便或主观判断抽取样本的方法。由于没有严格遵循随机性原则来进行，非概率抽样所抽取样本的统计量分布不确切，无法正确地说明样本的统计量在多大程度上适合于总体，导致无法利用样本的研究结论来推论总体。常见的非概率抽样主要有方便抽样、定额抽样、目的抽样、滚雪球抽样等，具体介绍见表7.2。

表 7.2 常见的非概率抽样及其具体介绍

常用的非概率抽样	具体介绍
方便抽样	方便抽样指研究者在某一时间和空间中所遇到的每一总体单位均作为样本成员的抽样方法。它是非概率抽样中最简单的方法，具有省时高效的优点，但样本的代表性因偶然因素太大而得不到保证
定额抽样	定额抽样指研究者先将总体按照某一种标准分层，而后遵循各层样本数与该总体数成比例的原则，在每一层中任意抽取一定量的样本作为研究对象的抽样方法。由于抽样前先进行了分层处理，定额抽样所抽取样本的代表性高于方便抽样
目的抽样	目的抽样指研究者根据研究目的主观地从总体中选择样本的抽样方法。当研究者对研究领域非常熟悉，且对总体比较了解时，采用这种抽样方法可获得代表性较高的样本。这种方法多应用于总体小而内部差异大的情况
滚雪球抽样	滚雪球抽样强调以若干个具有总体特征的人作为最初的研究对象，然后请他们提供认识的、符合总体特征的人作为调查对象，以此类推，样本如同滚雪球般由小变大。这一方法多用于总体单位信息不足的情况

（3）编制问卷。确定了调查目的和调查对象后，研究者需要编制或选用调查问卷。此时，研究者可以根据实际情况自行编制调查问卷，也可以采用前人所编制的，且已经有较好的信度、效度的一些问卷，还可以对已有的问卷进行改编。而一份好的问卷必须具有完整的结构与明确的问题。一般来说，问卷的结构包括标题、指导语、问题、结语等四个部分。以下将围绕这四部分来介绍问卷的组成以及如何编制一份完整的问卷。

① 标题　对调查内容的简洁概括，研究者要做到让调查对象看到标题后就能大致了解将要回答问题的方向。标题要简明扼要，要能够反映调查内容或调查目的，一般以陈述句的方式表达。此外，若涉及敏感性问题的调查，标题可采用概括性的词语来表述。

② 指导语　以简明易懂的语言来指导调查对象填写问卷的说明，主要包括调查的目的和意义、是否匿名研究的说明、问卷填答的方法、研究者个人或团队的简单介绍以及对调查对象的合作表示感谢等内容。指导语要通俗易懂，语气亲切，以引导调查对象自愿、准确地填答问卷。

③ 问题　问卷的主体，是研究者根据调查目的将有关的调查内容转化成一系列不同形式的问题。问题的编制涉及问题的提出、类型、排列顺序、设计技巧以及答案的设计。

问题的提出需要综合考虑调查目的、内容、对象等多方面的因素，且要做到每个问题之间有内在的逻辑关系。目前，问题的提出可以用分解中心概念法与开放式问题试测法。采用分解中心概念法时，研究者先要明确核心概念、分解核心概念，而后划分问卷维度、分解维度，进而提出具体的问题。而开放性问题试测法则是先通过一些开放性问题，分析、归纳调查对象对问题的回答，进而构建出问卷的基本结构，再基于此结构来设计具体的问题。

关于问题的类型，可根据对答案的限制程度将其分为开放式问题、封闭式问题、半封闭式问题（梁永平等，2008；刘电芝，2011），其具体介绍见表7.3。

表 7.3　问题的类型及其具体介绍

问题的类型	具体介绍
开放式问题	开放式问题指的是只列出问题，而不限定回答范围，要求调查对象用自己的语言自由回答的问题。例如，您在选择性必修2中关于"化学平衡"主题的教学目标是什么？开放式问题的优点在于调查对象自我表达的机会多，且有可能得到研究者预期之外的结果，易用于定性分析；而其不足在于调查对象回答的内容不集中，难以整理和量化分析，回答耗时也会较长
封闭式问题	封闭式问题是有固定答案的通过填空或选择形式完成的问题。这类问题的优点在于容易回答，问卷的回收率较高，并且答案规范、回答方式一致，容易进行整理与统计分析；其不足在于缺乏灵活性和深入性，导致可能会存在随便作答的情况而难以发现。封闭式问题的类型主要有五种，即是否式（答案只有"是"与"否"两种）、选择式（从多个备选答案中选取最符合个人实际的答案，而项数可由研究者决定需不需要限定）、排序式（按照一定的标准，对所列出的答案排序）、等级式（从各个等级中选取最符合个人实际的答案）、定距式（选择答案不是一个点，而是一个区间）
半封闭式问题	半封闭式问题则综合了开放式问题和封闭式问题，主要有两种呈现形式，其一是在给定的答案后增加"其他"的选项，来弥补研究者设计的答案可能无法涵盖所有范围的不足，从而通过该选项来收集可能会遗漏的重要信息。另一种则是在给定答案后追加关于原因、动机等方面的题目，以收集深层次的重要信息

此外，按照问题的功能不同，可将问题分为三类，即基本信息问题、实质性问题、测谎题。其中，基本信息问题主要是了解调查对象的性别、年龄、居住区域等基本信息；实质性问题则是为获得实质性的事实材料而设计的，是问卷的核心；而测谎题是为检测是否"装好"或者说假话的目的而设计（刘电芝，2011）。

问题的排列顺序在较大程度上影响着调查对象对问卷的填答情况，而合理的排列顺序促使调查对象对问题有更好的理解。因此，在编排问题顺序时可从以下5个方面进行考虑：a.同类组合，即把性质相同的问题编排在一起，这样不仅便于调查对象回答问题，还有便于研究者对其进行统计分析；b.由浅入深，即按照问题的难易程度来进行排列，具体指把一些较为简单、容易回答的、调查对象熟悉的、一般的问题放在问卷的前面，而将较为复杂的、需要深入思考的、调查对象较为生疏的、特殊的问题放在问卷靠后的位置；c.由小到大，即将概括性、背景性的问题放在问卷的前面，而把具体的、涉及细节的问题置于后面；d.从事实性问题到态度性问题，具体是指将调查对象依据客观事实可以直接回答的问题放在问卷的前面，而关于调查对象对某事、某人、某现象的认识等态度性问题放在问卷靠后的位置；e.从封闭式问题到开放式问题，即在同一类问题中，封闭式问题应放在问卷靠前的位置，而开放式问题放在相对较后的位置。

问题的设计是问卷编制中最重要的环节，研究者除了需要考虑问题如何提出与问题的类型、排列顺序外，还应注意一些设计的技巧。譬如，研究者设计问题时，问题的数量要合适，问题的题目一般不超过70个，回答问题的时间控制在40分钟以内。又如，尽量不采用专业术语和俗语，但必须用到时，需要在旁对其进行解释。再如，避免出现带偏见或暗示性的问题，问题的表达和呈现都要体现研究的中立性。同时，问题的表述应尽量简明扼要，不要出现表意不明或双重否定的句子或词语，因为这些表述容易引起误读，从而影响调查的准确性。

对于半封闭式和封闭式的问题还需要考虑答案的设计，为了确保问题和答案的有效性，研究者在设计答案的过程中需要遵循相关性、同类性、完整性与互斥性等 4 个原则（陈向明，2013），具体见表 7.4。

表 7.4　答案设计的原则及其具体介绍

答案设计的原则	具体介绍
相关性原则	相关性原则，即研究者设计的答案必须与对应的问题相关。例如，若问题是"化学课堂教学中常用到具体的教学策略有什么？"答案应该设计为科学探究策略、POE 策略、模型建构策略、问题解决策略等，而不是目标导向策略、素养导向策略等与问题没有直接相关的内容
同类性原则	同类性原则，指研究者设计的答案之间必须处于同一类属。例如，若问题仍是"化学课堂教学中常用到具体的教学策略有什么？"，答案应该是属于教学策略类别下的 POE 策略、模型建构策略等，而不是属于学习能力类别下的归纳能力、演绎能力等
完整性原则	完整性原则，是指研究者设计的答案必须包含一切可能，起码要让调查对象有符合其自身情况的答案可选。若问题是"您所在的年级是什么？"答案需要列出所有的可能，此时会面临答案过多的问题，为解决该问题，可通过加一个"其他"的选项，将问题转为半封闭式问题来解决。而当调查对象是高中生时，答案只需要列出高一、高二、高三，就能满足完整性要求
互斥性原则	互斥性原则，指研究者设计的答案必须是相互排斥的。例如，对于问题"您从事高中化学教师多少年？"，答案若设计为"小于 3 年、3～5 年、大于或等于 5 年"时，就违背了互斥性原则，因为"大于或等于 5 年"的答案包括了教学经验为 5 年的情况，与"3～5 年"这一答案有重叠，所以答案应设计为"小于 3 年、3～5 年、大于 5 年"，才能满足互斥性原则

④ 结语　结语是问卷的最后一部分，一般可以用三种形式来呈现，一是对调查对象的合作与填答表示感谢；二是提醒调查对象再次复核问卷的回答，避免有漏答的情况；三是征询调查对象对问卷设计和调查的意见。

（4）试测并完善问卷。问卷初稿编制完成后，需要对问卷进行试测和评估才能用于正式的调查，故试测是正式调查重要且必要的准备环节。在试测的过程中，化学教育研究者需要考虑试测样本的选择、试测问卷的题数以及获取修正信息的具体方式等问题（李浩泉等，2018；朱德全，2006），具体介绍如下。

首先，研究者要考虑试测样本的选择。当问卷的题目可重复测试时，试测的样本可以直接从正式调查的样本中选取。然而，当问卷的题目不可重复测试时，若选择正式调查的样本作为试测样本，则会较大程度地影响调查样本在第二次回答时的准确性，此时的试测样本应要选择与正式样本相似的群体。

其次，研究者要注意试测问卷的题数。试测问卷的题数应要多于正式问卷，因为在试测后会删减信度、效度不满足要求的题目。若在第一次试测后对问卷的改动较大，还需要进行二次试测，直到被选用的问题符合要求为止。

最后，研究者需要思考获取完善信息的具体方式。预测的目的在于评估问卷初稿的信度与效度，而后获取关于问卷的完善信息，以不断地修改问卷来提高问卷的可靠性与准确性。获取完善信息的具体方式主要有 4 种：①通过对试测中收集的数据进行统计分析，删除信度、效度未达到要求的题目；②在试测的问卷中，每一个题目后面都留出一定的空间，让试测对象写上对该题的看法和意见等，为研究者进一步修改问卷提供参考；③让参与者用自己的话来陈述其对该题的理解，再检查是否与研究者或问卷开发者的原意一致，若不一致，则需要修改题目的表述；④邀请相关研究领域的专家审阅问卷，并给予反馈。

7.3.2　实施阶段

正式实施问卷调查涵盖问卷的发放与回收等重要的环节，研究者根据现实情况灵活选择实施的方式。一般来说，实施方式主要包括当面填答式与邮寄填答式 2 种。其中，当面填答式是研究者当面派发问卷给调查对象的实施方式。这一方式有利于研究者向调查对象进一步对问题进行解释，促使调查对象更加准确地回答问题；也有利于获得调查对象的信任，使其更加认真地填答，从而获得更为真实的数据。但这一方式相对较为费时费力。邮寄填答式则指将调查问卷邮寄给参与者，待其填答后再寄回给研究者的方式。这一方式虽然相对轻松，即研究者可以进行远距离的调查，但其回收率通常相对较低（闫倩楠等，2016）。因此，一般不太建议使用该方式进行问卷数据的收集，除非研究者计划对人数相对不多的某个领域的专家进行小规模的调查（即德尔菲法）。

7.3.3　总结阶段

总结阶段包括整理与分析调查数据、撰写调查报告 2 个步骤。

（1）整理与分析调查数据　整理数据是及时将收集到的数据加以提炼、归类、系统化。在整理数据的过程中，需要注意挑选出不符合要求的问卷，例如有漏答、乱答情况的问卷；对于封闭式或半封闭式问题，按照所选统计方法的要求来录入分数或次数；对于开放式问题的回答，通过演绎或归纳的方法，依据一定的标准，将回答进行分类。分析资料是对材料的分析比较、抽象概括，从而得出调查结果。在整理和分析时，要遵循客观性原则，实事求是地进行统计分析（陈向明，2013）。

（2）撰写调查报告　在整理和分析调查的资料后，研究者需对调查的结果进行分析和讨论，并在此基础上得出调查的结论与提出建议，而后将其撰写为调查报告。结论要准确且要有概括性；建议要从实际出发、切实可行。问卷调查的研究报告应要包括调查目的、理论基础、调查设计、调查结论、建议与展望等部分，在撰写过程中研究者应规范且客观中立地报道调查的全过程。

7.4　案例解读

为了更好地理解问卷法，这里以《化学师范生变化观及其教学认识的调查研究》论文（伍春雨等，2020）为例展开具体性阐述。研究者在系统梳理文献的基础上，归纳出已有研究的理论空缺与不足之处（见图 7.2），并提出相应的调查研究目的（见图 7.3），且决定采用问卷法作为主要的研究方法，具体实施流程介绍如下。

作为未来教育工作者的化学师范生，他们的变化观和对变化观的教学认识将会渗透到他们日后的化学教学中。目前关于化学教师，特别是化学师范生的变化观及教学认识的实证研究总体而言较为罕见。

图 7.2　问卷法案例中的理论空缺与不足

基于上述对化学师范生应然变化观及教学认识的讨论，本研究通过开放性问卷与访谈，致力于测查广东省某师范院校三年级的化学师范生的实然变化观与实然变化观教学认识（主要是 KoC 和 KoS），以期弥补本领域的研究空缺，进而为我国化学师范生培养和教师教育研究提供有益参考。

图 7.3　问卷法案例的研究目的

首先，该研究采用方便抽样法，选取广东省某师范院校三年级 43 名化学师范生为研究对象。基于调查目的和调查对象，结合本研究的实际情况，研究者采用开放性问卷为主、访谈法为辅的数据收集方法，收集师范生变化观和变化观教学认识的质性研究数据。研究用于收集数据的开放性问题，如图 7.4 所示。

开放性问题主要包括"请谈谈你对'变化'的理解？""你认为教材中哪些内容渗透了变化观？""你将如何进行变化观的教学？"其中，第 1 个问题是为了测查化学师范生对"变化"的认识，即测查师范生的变化观，第 2 个问题和第 3 个问题是从教学内容认识（KoC）和教学策略认识（KoS）两个方面测查化学师范生对变化观的教学认识。

图 7.4　问卷法案例中的开放式调查问卷

接着，研究者将所收集的问卷数据录入电脑形成电子文本，基于扎根理论采用"自下而上"的数据分析方法，对开放性问卷和访谈内容进行编码分析（见图 7.5），得出有关"化学师范生的实然变化观"（见图 7.6）与"实然变化观教学内容与策略的认识"（见图 7.7、图

一次编码，对师范生的作答数据进行识别并标记有意义的单元；二次编码，采用持续比较法比较类目之间可能的关系，将类目进一步精炼，确定最终类目；互评信度检验，第二作者随机选取 50% 的样本数据，根据已建立的类属与子类属对数据进行"自下而上"的归类分析，并达到 95% 的一致性。

图 7.5　问卷法案例中的编码及完善过程

7.8）的研究结果，再据此提炼研究结论并提出相应的建议（见图 7.9）。最后，研究者梳理整个研究过程，并撰写成一份包括问题内容、研究方法、研究结果与讨论、研究结论与建议等要素的研究报告。

类别		含义	频次 （百分比）	实例
化学视角变化观	化学变化的特征	化学变化有新物质的生成，同时常伴有发光、放热或颜色、气味改变等物理变化的发生	34 （22%）	PT05："化学变化有新物质的生成" PT22："化学变化会伴随着能量变化和物质变化" PT09："化学变化通常伴随着发光、发热和颜色的变化"
	化学变化的本质	原子是化学变化的最小粒子，化学变化是反应物的原子通过旧化学键的断裂和新化学键的形成而重新组合的过程	19 （12%）	PT08："化学变化的本质是旧键的断裂和新键的形成" PT15："化学变化是分子/原子水平上的变化" PT32："在化学变化中，原子重新组合成分子"
	化学变化的规律	化学变化具有一定速率、方向与限度，且与浓度、温度、压强等条件之间存在一定的关系，可根据这些规律预测化学变化的结果；化学反应是守恒的	32 （20%）	PT03："化学变化具有一定的方向和限度，当达到化学平衡时，$v_正 = v_逆$" PT41："化学变化具有一定规律，结果是可以预测的" PT15："化学变化遵循质量守恒定律和能量守恒定律"
	化学变化的属性	条件性：化学变化是有条件的，达到化学反应的条件时反应才能发生；相同的反应物在不同条件下，发生的变化不同	26 （17%）	PT38："化学变化是具有条件的" PT27："在不同条件下，发生的化学反应不同" PT06："变化是有条件的变化"
		过程性：化学变化具有一定过程，"过程"是体系状态变化在空间和时间上的表现	13 （8%）	PT36："化学变化具有过程性" PT31："化学反应达到平衡状态需要一定的时间" PT25："化学变化是一个动态的过程"
		可利用性：可利用化学变化获得/消除物质；可利用化学变化过程中所得到的能量；通过对化学变化条件的控制，可以使化学变化朝着有利的方向来进行	10 （7%）	PT20："可以控制条件使反应朝着有利的方向进行" PT07："化学反应是可利用的，通过化学变化获得或消除物质可以获取能量" PT19："化学反应是可以调控的"
哲学视角变化观	变化的特征	变化是永恒的，普遍存在的；物质具有变化的趋势	17 （11%）	PT13："物质是不断运动和变化的" PT42："物质总是具有变化的趋势" PT19："变化是永恒的"
	变化的规律	变化是对立统一的；量变的积累可以导致质变；变化同时受内因和外因的影响	5 （3%）	PT15："量变达到一定程度会引起质变" PT24："变化既对立又统一，变化中的物质既相互斗争又趋向统一" PT26："变化受内部因素和外部因素共同影响"

注：出现频次（百分比）为师范生认识观点的次数及百分比，而非实际人数百分比；PT*n* 代表师范生序号，下同。

图 7.6 化学师范生对"变化观"的认识

学段	教学主题	教学内容	频次（百分比）	实例
初中	物质的化学变化	化学变化的基本特征	20（25%）	PT05："初中教材提出化学变化的特征是有新物质生成，会伴随能量变化，还有颜色变化、放出气体等"
		质量守恒定律		PT15："在化学方程式的书写过程中，涉及了反应物与生成物质量相等的内容，渗透了化学变化是守恒的这一思想"
高中	物质结构基础	化学键	11（14%）	PT08："化学键这一节内容介绍了化学变化的本质是旧化学键的断裂与新化学键的生成"
	化学反应的方向、限度和速率	化学反应的方向与限度	23（29%）	PT09："达到平衡状态需要一定时间，说明化学变化是具有过程的"
		化学反应速率		PT26："影响化学反应速率的因素有外因也有内因，当反应物浓度增加，反应速率增加，反之减慢，说明化学变化有规律"
		化学反应的调控		PT41："根据化学反应的规律，控制反应条件可使平衡移动，使化学反应朝人类有用的方向进行，说明化学变化是可控的"
	化学反应与能量	化学反应与热能	11（14%）	PT22："化学能与热能之间可以相互转化，可以通过焓变计算反应中的能量变化，并遵循盖斯定律"
		化学反应与电能		PT29："原电池、电解池等知识介绍了化学能与电能之间的转化，且变化遵循能量守恒定律"
	常见的无机物及其应用	金属及其化合物	14（18%）	PT27："钠与氧气在常温和点燃条件下反应的产物不同，可以渗透化学变化是有条件的的观念"
		非金属及其化合物		PT37："不同价态含硫物质的转化，+6 价的硫通常能和 −2 价的硫反应生成硫单质，渗透了化学变化是有规律的"
		氧化还原反应		PT24："氧化剂得电子，还原剂失电子，但是得失电子数是守恒的，渗透了辩证统一的思想"

图 7.7　化学师范生对渗透变化观教学内容的认识

教学策略		含义	频次（百分比）	实例
体验类策略	实验法	包括教师演示实验和学生自主实验，让学生在实验操作、观察、分析过程中，直观认识化学变化	18（28%）	PT07："进行小组合作实验或教师演示实验，让学生观察变化过程和记录实验现象"
	情境法	创设真实的情境，让学生感受到化学变化的存在，并认识到化学变化对社会发展和人类生活的重要性	7（11%）	PT18："利用钢铁腐蚀、暖宝宝发热等实例，让学生感受到金属的电化学腐蚀有利有弊"

表征类策略	模拟法	使用多媒体动画或球棍模型对抽象的变化过程进行模拟演示和解释，加深学生对化学变化过程的理解	6（9%）	PT33："运用球棍模型和多媒体动画解释化学变化的微观过程"
	三重表征法	将化学变化的宏观现象与微观本质相结合，引导学生多角度认识化学变化，并运用化学方程式/离子方程式表征化学变化过程	11（17%）	PT41："引导学生从宏观现象、微观过程和化学符号三个角度相结合理解化学变化"
思维类策略	归纳法	画出物质变化网络图/思维导图，对一种元素、一类物质或一类反应进行系统归纳，构建系统的变化观	6（9%）	PT11："建构酸、碱、盐等（一类物质）的反应网络图"
	建模法	通过化学理论模型，帮助学生理解化学反应的规律，促进变化观念的建立	4（6%）	PT08："通过有效碰撞理论模型帮助学生认识影响反应速率的因素"
其他	无观点	—	13（20%）	—

图 7.8　师范生对培养变化观教学策略的认识

　　通过调查43名化学师范生的变化观及其教学认识，本研究得到以下结论：化学师范生的变化观（尤其是哲学视角变化观）与变化观教学（包括渗透变化观的教学内容和培养变化观的教学策略）的认识仍有待提高。

　　基于此，笔者对我国化学师范生培养与教师教育研究提出如下建议。对化学师范生培养的建议主要包括3点：（1）推进"课程思政"教学改革，以促进师范生哲学视角的化学学科观念（包括变化观）的形成；（2）拓宽师范生的教材分析角度，鼓励发掘教材的观念培养价值；（3）倡导师范生在教学设计及实践中关注变化观培养的教学。对化学教师教育研究的建议主要有以下2个方面：一方面，关注化学学科观念之间的关系研究；另一方面，探查哲学思想与化学学科观念之间的关系的实证研究。

图 7.9　开放问卷法案例中的研究结论及建议

7.5　优势局限

　　问卷法已成为我国化学教育研究领域应用最广的研究方法，这主要是由于其所具有的5大特点或优势。

　　（1）调查对象的广泛性。主要体现在两个方面：一方面，问卷调查法适用的对象较为广泛，能用于调查具有不同教育背景的人群（如职前与在职化学教师）；另一方面，采用问卷调查法，在同一时间内进行大规模的问卷调查，从而在短时间内收集到大量的资料（李浩泉等，2018）。

　　（2）调查工具的统一性。在问卷调查中，所有的调查对象都采用统一的问卷进行测试，问卷的内容和形式都具有高度的一致性（梁永平等，2008）。问卷的编制要遵循一定的标准，在正式调查之前要经过严格的试测和调整完善的过程，体现了同一测试中的调查工具存在统一的标准，有利于研究者对所收集的资料进行整理和分析（朱德全，2006）。

（3）调查方式的灵活性。虽然在调查过程中都采用统一的问卷，但开展调查的方式是灵活多样的。研究者可根据实际情况来选择方便可行的方式，可以当面发放问卷给调查对象填写，也可以把调查对象组织起来，集中填写问卷后当场回收（卢家楣，2012），还可以通过邮寄、网上访问、电话访问等方式来收集资料。

（4）调查过程的匿名性。进行问卷调查时，一般不要求调查对象署名，具有较好的匿名性，这会有利于消除调查对象填写问卷时的顾虑，促使其提供较为真实、客观的资料，以提高调查结果的客观性与真实性（卢家楣，2012）。另外，也有少部分的调查问卷为了后续深入访谈研究，调查对象需要署名或标上有识别意义的标志。

（5）调查结果的量化性。编制封闭式调查问卷时，问题的答案需要参考可量化的标准或量表等进行设计，而这类问卷实际上也成了一种量化工具，采用这一工具收集到的是量化的原始数据（卢家楣，2012）。而对于开放式问卷收集到的质性原始数据，通常会利用评分标准或量规来将其转化为量化数据。两者均有利于后续进一步采用统计软件来进行定量分析。

然而，问卷法也存在一些局限性：（1）可能会存有误答、错答、乱答的现象，且问卷的回收率难以保证，这些均会降低调查结果的准确性或有效性；（2）问卷设计对研究者的要求相对较高，尤其在对问卷的信度与效度的保证方面；（3）仅采用问卷法可能不利于对某种化学教育现象建构深层次的理解。

 要点总结

问卷法，即问卷调查法，也称为"书面调查法"或"填表法"，是以书面提出问题的方式搜集资料的一种研究方法。研究者将所要研究的问题编制成问卷，以邮寄、当面作答等任意可行的方式，请求被选取的调查对象填答，从而了解调查对象对某一现象或问题的看法或意见。

从调查领域来看，问卷调查法的应用范围很广泛，社会学、管理学、心理学、教育学等学科均有涉及。从调查内容来看，适用于不同层次的问题研究，由浅到深分别可以应用于现状描述的调查、问题原因的调查以及预测趋势的调查。从调查周期来看，问卷调查法更适用于短周期的研究。从调查对象来看，问卷调查法适用于样本容量大的调查，且能广泛用于对社会生活中具有不同背景人群的调查。

实施问卷调查法的步骤可根据时间顺序分为3个阶段：准备阶段（确定调查目的、选择调查对象、编制问卷、试测并完善问卷）、实施阶段（问卷的发放与回收）、总结阶段（整理与分析调查资料、撰写调查报告）。

问卷调查法主要有5大优势，即调查对象的广泛性、调查工具的统一性、调查方式的灵活性、调查过程的匿名性、调查结果的量化性。但在调查对象、问卷设计以及方法本身这3个方面存在一定的局限性。在调查对象的方面，可能会存有误答、错答、乱答的现象，降低调查结果的准确性，可通过优化问题的表达等改进该问题。在问卷的方面，调查问卷设计的难度大，可采用已有文献的问卷或在此基础上进行改编，还可以请相关领域的专家进行指导以及效度检验来解决这一问题。对于问卷调查法本身，在研究中仅采用问卷调查法难以深入研究，可通过结合半结构化访谈，以进一步确认调查对象的回答，核验回答的一致性与真实性以及分析其回答的原因来解决这一问题。

 问题任务

请简述你对问卷法含义的理解，并概括其要点。

试述问卷法实施过程的大致步骤。

在化学教育研究实践中，你认为可通过哪些途径尽可能克服问卷调查法的局限性？

任选一篇化学教育问卷法调查的研究论文，结合问卷法的设计思路分析该论文中的设计方案，并与同伴讨论。

请在导师的指导下，同时结合你自己的研究兴趣，拟定一个研究主题，然后尝试基于问卷调查法的基本步骤，初步完成一个问卷法研究的设计方案。

 拓展阅读

梁永平，张奎明.教育研究方法[M].济南：山东人民出版社，2008.（理论与方法）

李浩泉，陈元.教育研究方法[M].成都：西南交通大学出版社，2018.（理论与方法）

余淞发.新手化学教师NOS-PCK的调查研究[D].广州：华南师范大学，2019.（问卷法的具体应用）

陈灵灵.师范生化学TPACK的影响因素实证研究[D].广州：华南师范大学，2018.（问卷法的具体应用）

第 8 章

量表法

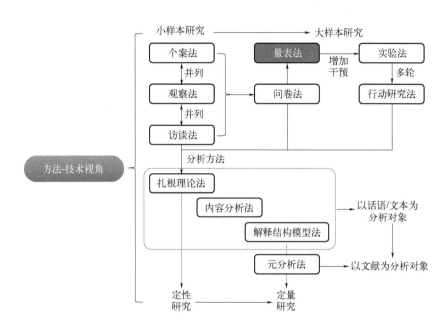

【课程思政】没有测量，就没有科学。

——门捷列夫

 本章导读

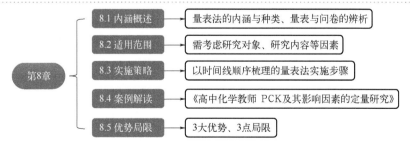

通过本章学习，你应该能够做到：

• 简述量表法的含义

- 列举并简述不同种类量表对应数据类型与统计分析方法
- 说出量表与问卷的区别
- 辨识量表法的适用范围
- 简述量表法的实施策略
- 列举量表法的优势与局限性

8.1 内涵概述

作为一项基本科学活动，测量一般指根据一定的法则（有时需要用到量具）对事物的属性进行定量描述的过程。在此定义中包含三个要素：测量的对象、测量的结果以及测量的法则。其中，测量的对象即事物的属性，测量的结果为描述事物属性的数字，测量的法则指给事物指派数字的依据。需要注意的是，为了保证指派的数字有意义，研究者在给不同属性指派数字时要参考不同的数量体系，而同一属性的测量用同一个数量体系的数字。在测量学中把定有参考点和单位的数量连续体称为"量表"。任何量表都具有单位和参照点两个要素。其中，单位是计量事物某属性的标准量名称，参照点是测量的起点（韦小满等，2016）。量表的单位和参照点不同，量表的种类也不同。

顾名思义，量表法（scale）是运用量表进行测量研究的方法。量表在设计研究过程中属于数据收集，可用于探求事物的本质（管幸生等，2009）。量表法实施中最重要的步骤是编制作为测量工具的量表。量表的编制需要依据一定的教育学与心理学理论，并经过长期的使用、修订与完善，是高度专门化的系统工作，往往由有关领域的专家与研究者进行（陈平辉等，2018）。因此，选择优质的量表是保证研究结果准确性的关键。如果量表中的题项表述模糊或不准确，可能会使得研究结果受到其他变量的影响。为保证研究的科学性，在正式调查前，需要进行预调查，检验量表的信度与效度。

在化学教育研究中，常常需对个体或群体自身属性或存在的一些现象进行观察，并对观察结果用数量化方式进行评估解释，但在实际研究中难以对抽象的理论变量水平直接测量，故可用量表法进行间接测量。量表具有诊断与评价功能，是改进教育措施的良好工具，是教育管理的重要手段，是教育研究的重要方法（金哲华等，2011）。研究者可根据研究目的编制关于某理论变量的量表并由被试完成，其量表得分反映其在此理论变量上的水平。

8.1.1 量表的内涵

作为测量工具，量表通常包含一系列测验项目（任务或问题），且每一任务或问题细目各有事前规定的标准分数。不同学者对量表有着不同角度的定义，这些定义大多侧重于量表的属性特征或应用功能。在属性特征方面，参考点和单位是量表的两个基本要素，在测量学中把定有参考点和单位的数量连续体称作量表（韦小满等，2016）。有学者（洪小良，1998）认为量表是一种能较精确地调查人们主观态度的测量工具，它由一组问题构成，每个问题都根据被测者可能做出的反应的方向和强度标明不同的分数，由此测量出人们对某一事物的认识。在应用功能方面，有国外学者认为量表可通过多题项测量所得的复合分数，揭示不能用直接方法轻易测量的理论变量水平。这种理论变量是一种从相对具体的、可观测的现象到相对抽象的、不可观测的现象的内在连续统一体（罗伯特·F·德威利斯，2016）。而国内有学者将量表的定义简化为能够使事物的特征数量化的数字的连续体（陈平辉等，2018）。

综上，量表法可较为精确地将抽象的理论变量进行量化，但在量化不同属性的理论变量时，量表往往具有不同的参考点和单位，即量表的种类不同。因此，有必要对不同类型的量表进行介绍。

8.1.2 量表的类型

根据数据的计量层次可从不同等级对量表进行分类，按数据等级由低到高依次为定类量表（nominal scale）、定序量表（ordinal scale）、定距量表（equal interval scale）和定比量表（ratio scale）。

采用定类量表或定序量表测量所得的数据类型同属定性取向的数据。对于这类数据，研究者可通过非参数检验的方法进行处理，因其无数学意义，不能计算平均数和标准差等统计量，故无法进行推论统计。其中，计量层次最低的定类数据用数字代表某个类别，将数据按照类别属性进行分类，各类别之间是平等并列关系，如性别"男"与"女"、态度"赞成"与"反对"等。定序数据则处于数据的中间级别。区别于定类数据，定序数据中的数字兼具类别与顺序的含义。譬如化学教师学历可包括"博士研究生""硕士研究生""本科生"；中学生所在学段能包括"初三""高一""高二""高三"等年级。因此，定序量表收集的数据意义已经涵盖了定类量表。

而采用定距量表和定比量表测量所得的数据类型则同属定量取向的数据，可计算各种统计量和进行参数检验。其中，定距数据是具有一定测量单位的实际测量值。另外，定比数据的表现形式同定距数据一样，但存在绝对零点。定距量表则没有绝对零点，只可以进行加减运算。譬如，A 同学的化学成绩是 90 分，B 同学的化学成绩为 30 分，不能说 A 同学的化学成绩是 B 同学的 3 倍，只能说 A 同学的化学成绩比 B 同学高 60 分。而定比量表除了具有定距量表的特性外，还具有绝对零点，因此可以做加减乘除的运算。但在化学教育研究领域中一般很少使用到定比数据，故在大多数情况下并不会细分定距和定比量表。

各类量表获得的各类数据及其可使用的统计分析方法可参照表 8.1。需要注意的是，适用于低级数据的统计方法也适用于比其更高级的数据，反之不行。

表 8.1　四类不同数据等级的量表的辨析汇总

量表类型	数据类型	概念界定	数学意义	可能采取的统计方法
定类量表	定类数据	用数字代表某个类别，如性别"男"与"女"、态度"赞成"与"反对"	无数学意义（虚拟变量处理除外）、定性数据	频数、频率、众数、异众比率、卡方检验
定序量表	定序数据	数字兼具类别与顺序的含义，如学历"研究生"与"本科"、年级"四年级"与"三年级"	中位数、四分位差、等级相关等
定距量表	定距数据	表现为数值，无绝对零点，可进行加减，如学生的学习成绩等	有数学意义、定量数据	计算各种统计量（平均值、离均差、方差、标准差等）、参数检验等
定比量表	定比数据	表现为数值，有绝对零点，可进行加减乘除

根据量表计分方法，还可将量表分为 Likert 量表、Thurstone 量表、Guttman 量表、语意量表（管幸生等，2009）。其中，Likert 量表是测量中最为常用的量表格式之一，一般由一组陈述句加"非常同意""同意""不一定""不同意""非常不同意"5 种回答选项组成，也称 Likert 五点计分量表。根据回答选项的数目，还可相继派生不同的计分量表（如六点或七点计分量表等）。若某一研究中使用的不同量表具有不同的计分，需要将它们的计分统一转换为同一种，以便后续的数据分析。Likert 量表获得的数据可视为连续的数值型数据（即定量数据），因此可计算各种统计量和进行参数检验。另外，Thurstone 量表、Guttman 量表、语意量表等量表的编制过程相对烦琐复杂，因而这几类量表甚少被使用。关于这三类表格的具体辨析如下（见表 8.2）。

表 8.2　Thurstone 量表、Guttman 量表、语意量表的辨析汇总

类型	计分方式	作用	优缺点
Thurstone 量表	以所有被受测者勾选为"同意"的题目的强度分数的中位数为该量表的分数	回避量尺是否等距的争议，并且能够反映题目的重要性	（1）可以检验出团体差异； （2）受专家好恶的限制，无法广泛包含各式专家的意见； （3）以中位数来计分，没有所谓的信度考量
Guttman 量表	以受测者勾选"同意"的题数为该量表的分数	通过赋分的加和反映出受访者对某项议题的赞成程度，尽量还原受访者的原始答案	（1）较具深度及精确性； （2）项目越多，效度越高； （3）编制过程复杂
语意量表	对两极化形容词进行评分	探求模糊语意中的整体观感	（1）区分两极化语意的差异； （2）项目越多，效度越高

8.1.3　量表与问卷的辨析

从形式上看，问卷与量表十分相似，有测量的目的、测题、相类似的计分方法，且均需要被调查对象完成，其差异主要体现在两者的标准化程度不同。可从题项类型、编制架构和计分方式三个方面考察其标准化程度，相较而言，问卷的标准化程度较低（见表 8.3）。

表 8.3　量表型问卷与非量表型问卷的差异对比

差异	量表	问卷（非量表型）
题项类型	封闭式	封闭式或开放式
编制架构	需要理论依据，遵循结构，各分量表都要有明确的定义	符合主题即可
计分方式	定距、定比量表获得的定量数据，可相加减得到分数	无序选项只能计次，不能计分

8.2　适用范围

量表法通常以人为研究对象（如化学教师或中学生），且非常适用于大规模测量与对比不同群体对某种事物或现象所持的认识或态度等。譬如，可通过量表法探究不同的 PCK 学习方

式（显性或隐性）下，化学教师 PCK 各组分水平是否存在显著性差异（段训起，2020）。关于研究内容，量表法测量的是客体的属性或特征，既可用于外显的内容，如学生的性别、年龄、身高、体重等，又可用于内隐的内容，如学习兴趣，动机、态度等（金哲华等，2011）。需要注意的是，不同的研究对象与研究内容适配的量表不同，量表选择时可先基于研究内容选择量表再根据研究对象特征对量表进行一定程度的改编调整，并进行信度、效度分析以确保量表的可靠性与有效性。

8.3 实施策略

量表法的实施过程按时间线可以分为实施前、实施中和实施后。在实施前需要确定研究的内容和目的，选择研究对象，进而根据所要研究的内容和对象编制量表。编制量表又可以分为改编他人量表和自编量表。量表编制完成后需通过预调查评估项目，反映量表的信度、效度。根据反馈的结果来完善量表并使用量表开展正式调查。最后对收回的量表进行整理分析数据，撰写调查报告。量表法具体实施步骤见图 8.1。

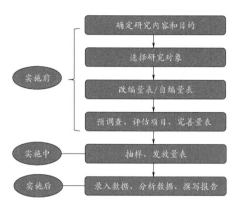

图 8.1　量表法实施步骤

首先，研究者需要通过文献综述及专家咨询等方式了解所测量内容的理论基础，据此明确本次测量的研究内容以及研究目的，从而对本次测量所需要的量表形成初步的认识。

其次，研究者可基于研究内容和研究目的选择研究对象，主要包含对研究对象的总体、样本以及抽样方法等问题的考虑，进而确定所要研究对象的范围、群体特征等。一般来说，研究的总体比较庞大，为了可以顺利开展研究，通常需要从总体中抽取一部分个体作为研究的样本，再根据样本的研究结果来推论总体的特征。因此，推论的可靠性取决于样本的代表性以及数据处理的准确性。譬如，若要保证样本的代表性，就要选择合适的样本容量以及抽样方法（张敏强，2019）。样本容量要适中，过小会影响样本的代表性，过大则会导致实施的难度加大，耗时耗力。此外，关于抽样方法的选取可参考本书第 7 章的 7.3.1 部分。

接着，研究者需要根据具体研究的内容、目的和对象，选择改编量表或自编量表进行研究。若研究者选择改编量表，则需了解清楚所要借鉴的量表，比如量表的维度、项目、计分方式等，再根据所需研究的具体目的和内容进行改编，即对量表进行增减，或者对几个量表进行组合或修改。在改编量表时，还需注意量表的施测对象、编制年代的差异。如果要借鉴外国专家的量表，还要经历回翻过程，以确保翻译内容无误。参考他人量表的时候，建议注明作者的名称、时间和工具名称等，并且力求量表中的文字表达言简意赅，清晰明了。此外，研究者还可结合研究内容、目的和对象，按总测量目标、因素、具体项目顺序自上而下自编量表。假如此前的文献研究中并未准确划分因素或维度，研究者还需先预设维度来确定具体项目，后根据预调查数据进行探索性因子分析，再反过来确定最终维度。

需要注意的是，自编量表与改编量表的最主要区别在于项目的确定过程。那么如何初步确定和评价自编量表的具体项目呢？第一，研究者在设定项目前要先确定评价项目的原则，即有效性原则、可操作性原则和独立性原则。其中，有效性原则要求所有设置的自编量表项目都是有针对性且有效的；可操作性原则要求量表中的项目内容应该是具体化的、外显性的；独立性原则要求每个项目在逻辑上必须相互独立，不可以存在包含、交叉、因果等关系，否则将影响量表的科学性和合理性。第二，基于以上原则，研究者要确定自编量表的具体项目。项目来源主要可以分为文献分析与问卷访谈两个方面。第三，研究者需要确定一个合理的评定方式。最常用的量表格式为 Likert 五点计分量表，但学界并没有严格规定量表的级数，故在实际应用时研究者可根据实际需要自行确定。但是，自编量表是一个从无到有的过程，从确定测量目标到具体项目的每一步都是需要大量数据支撑。受限于时间不足和取样困难等各种原因，在化学教育研究实践中更推荐对已有较成熟的量表进行"接地气"的改编。

然后，考虑到研究对象和研究内容的差异、翻译过程的偏差等因素的影响，在正式调查前，研究者还需开展预调查（pilot study），并检验研究工具的信度、效度。需要注意的是：（1）在样本的选择上，要确保预调查时的样本和正式测量时的样本具有相似特征；（2）在预调查时间的选择上，考虑预调查时所选的样本与正式测量时样本的异同；（3）在抽样方法的选择上，按照研究目的和内容，选择一种合适的方法即可；（4）在样本容量的选取上，要选择合适的样本容量（应达到 100 以上），样本容量过少或者过多都不利于开展调查；（5）要尊重研究对象的知情权和同意参与权；（6）最后还需关注细节，如在调查时，研究者可以在现场观察，确保研究对象独立真实地作答，并且一次性回收问卷等。

对于量表项目的评估，可采用内部一致性信度进行信度检验（如在化学教育研究领域，Cronbach α 系数至少为 0.60）；同时检验量表的内容效度与结构效度等。譬如，在得到初版量表后，可邀请化学教育领域专家对量表进行审查以确保内容效度；同时，采用因子分析方法检验量表中每个项目及分量表的结构效度。研究者需根据项目评估的结果，对量表的结构与表述进一步修改。总的来说，量表的预调查、评估与完善是循环往复的过程，三者结合改进直至量表质量达标。

在保证量表质量的基础上，研究者可向所选取的样本发放量表，进入正式的数据收集阶段。与问卷法相似，量表填答可采用当面填答或邮寄填答的方式。在完成量表数据收集工作后，研究者需要整理、录入与分析数据，并撰写研究报告。需要说明的是，研究者需要计算问卷的回收率与有效率，甚至可以对某些不合理或极其异常的数据（如填答具有某种明显的特定模式）进行剔除。

8.4 案例解读

为了帮助读者更好地体会量表法的实施策略，接下来将以笔者指导的硕士学位论文《高中化学教师 PCK 及其影响因素的定量研究》（段训起，2020）为例进行具体说明。

首先，研究者基于文献述评确定 3 个研究问题及其对应的研究目的（见图 8.2）。其次，化学教育研究者根据研究内容选择来自全国各地的高中化学教师作为研究对象，具有一定代表性。化学教育研究者基于已有文献研究将研究对象进行划分，根据教学经验不同划分为新手型、熟手型、专家型，根据学习方式不同划分为显性 PCK 学习组与隐性 PCK 学习组（见图 8.3）。

基于以上对文献的述评，确定以下3个研究问题：（1）化学 PCK 六组分结构（混整观模型）是否得到数据的支持？如果得到支持，六组分结构能否被更高阶因子（PCK）所解释？（2）不同教学经验的化学教师 PCK 水平是否存在显著性差异？（3）不同的 PCK 学习方式（显性或隐性）下，化学教师 PCK 各组分水平是否存在显著性差异？

其中，第一个研究问题旨在利用本土化的数据，检验 PCK 的概念模型（混整观模型），并通过严谨的数学模型，验证 PCK 的六组分结构，突显的是本研究的理论贡献，为化学教师 PCK 混整观模型提供实证支持，同时也是深入研究化学教师 PCK 影响因素的理论前提；第二个研究问题是为了探查教学经验这一因素的影响下，化学教师 PCK 各组分的发展是否存在显著性差异，以及 PCK 各组分在不同教龄阶段发展水平的比较；而第三个研究问题则探讨了不同的 PCK 学习方式（显性或隐性）下，化学教师 PCK 各组分水平有无显著性差异。第二、第三个研究问题侧重于实践意义，为化学教师教育提供有益参考与相应建议。

图 8.2　确定研究内容和目的

正式研究的研究对象是来自全国各地（如广东省、安徽省、陕西省等）的具有不同教学经验的在职高中化学教师，他们均来自国培、省培以及多场面向在职教师的讲座、培训现场。问卷派发 400 份，回收 391 份，其中有效问卷 379 份，回收率和有效回收率分别为 97.8% 和 94.8%。379 名研究对象中，男教师 149 名，女教师 230 名。这些高中化学教师的教龄从 1 年至 21 年不等。基于已有研究对高中化学教师专业发展阶段的划分，可将高中化学教师按照教学经验分成三个阶段：新手型（成长阶段，1~5 年）、熟手型（成熟阶段，6~15 年）、专家型（完善阶段，15 年以上）。三个阶段的高中化学教师人数分布频数分别是 174、113 以及 92 人。此外，根据高中化学教师 PCK 学习方式的不同（即显性或隐性的学习方式），将高中化学教师分成两组：显性 PCK 学习组（231 名教师）与隐性 PCK 学习组（148 名教师）。

图 8.3　选择研究对象

接着，化学教育研究者综合考虑研究背景以及问卷的信度、效度，将不同量表的组合改编并结合原创设计得到《高中化学教师 PCK 量表》，其属于利克特七点量表式问卷，包含五个改编分量表、两个原创分量表（见图 8.4、图 8.5）。

随后，研究者开展预调查，收集了 210 名来自广东省各地的在职高中化学教师的数据（见图 8.6），并基于数据对量表的信度和效度进行评估。主要通过内部一致性系数 α 与建构信度（construct reliability，CR）两项指标来检验量表的信度（见图 8.7），由各分量表的相关系数与平均方差提取（average variance extracted，AVE）来检验量表的效度（见图 8.8），并据此得到预调查的结论（见图 8.9）。

最后，研究者将量表投入正式调查，收集了来自全国各地的 379 名高中化学教师的 PCK 问卷数据以分别回答 3 个研究问题（见图 8.10～图 8.12）。限于篇幅，相应的研究结论与建议暂不展开阐述。

正式研究采用问卷调查法，通过《高中化学教师 PCK 量表》，收集了 379 名在职高中化学教师 PCK 的定量数据。问卷改编自邓超（2019）与钟媚（2019）的问卷。主要考虑到以下两个原因：（1）问卷均具有较好的信度（克隆巴赫系数 α 值均大于 0.70）与效度（因子负荷值以及平均方差提取值均大于 0.50）；（2）两篇文献的发表时间均为 2019 年，问卷均是基于化学学科核心素养背景下设计的，与本研究的背景较为一致。

图 8.4　量表改编参考

问卷的改编过程如下。问卷的"教学目标观"分量表是改编自邓超发表过的问卷，"课程知识""学生知识""策略知识""评价知识"四个分量表则是沿用钟媚使用的问卷。另外，"教学过程观"分量表则是从建构主义理论的视角，基于化学新课标提倡的"以学生为中心"的化学教学理念，采取"学生-建构"的教学过程观原创生成。而"学科知识"分量表则是改编自 2017 年版化学新课标中五个必修课程的主题。此外，考虑到化学新课标第六部分"实施建议"中，对化学教师学科理解提出的新要求，在学科知识维度中增设了关于化学思维方式及方法的题项（学科知识分量表第 6 题），与五个必修课程的主题分别对应的五道题，共同组成了该分量表。为保证合理性，两个原创的分量表（教学过程观 BTP 与学科知识 SMK）的多次修改、最终敲定，均由一名化学教育专家、两名中学化学高级教师以及六名化学教育硕士研究生共同参与评定。接着对广东省某师范院校的三位职前化学教师进行试测，以确保所有题目均表述准确，最终定稿为《高中化学教师 PCK 量表》。

图 8.5　量表改编过程

预研究收集了 210 名来自广东省各地的在职高中化学教师的数据（不与正式研究的数据重合），其中男、女教师分别为 85 名、125 名，新手型、熟手型与专家型化学教师人数分别为 97 名、64 名与 49 名，PCK 显性与隐性学习组分别有 115 名与 95 名。

图 8.6　预调查数据收集

借鉴 Deng 等人的方法，量表的信度主要通过内部一致性系数 α 与建构信度（construct reliability, CR）两项指标来检验。由表可知，七个分量表的内部一致性系数均大于 0.80，表明各因子具有良好的内部一致性。由表可知，各因子的 CR 均大于 0.70，表示其建构信度较好，每个因子均能被包含的所有题目较为一致性地解释。

图 8.7　预调查数据信度分析

量表的效度则由各分量表的相关系数与平均方差提取（average variance extracted, AVE）来检验。由表可知，各分量表的相关系数均大于0.40且达到显著水平，表示量表的结构效度良好。而由表可知，各因子的AVE均大于0.50，表示其具有较好的收敛效度。此外，如表所示，除了列出七个因子之间的相关系数之外，位于对角线的七个数据是BTG、BTP、SMK等每个因子的区分效度（discriminant validity），其数值取的是平均方差提取（AVE）的算术平方根。可以看出，每个因子的区分效度，均大于每一行和每一列中任何两个因子的Pearson相关系数，这表明量表具有足够好的区分效度。综合上述结果，可知该量表中各因子均具有较高的信度与良好的效度。

图 8.8　预调查数据效度分析

本章首先通过探索性与验证性因子分析，建立起了《高中化学教师PCK量表》的信度与效度（详见4.1.3部分），表明该量表可投入正式研究中；其次为了与正式研究的结果互相验证，增强结果的说服力，通过独立样本 t 检验，测查了不同教学经验（新手型与专家型）的化学教师PCK各组分水平是否存在显著性差异，结果表明除了CTO组分外，其余五组分（SMK、KoC、KoL、KoS与KoA）均在教学经验上存在显著差异，专家型化学教师这五组分的水平显著高于新手型化学教师；最后，再次通过独立样本 t 检验，测查了不同PCK学习方式（显性与隐性）下，化学教师PCK各组分是否存在显著性差异，结果表明化学教师PCK六组分均在学习方式上存在显著差异，显性学习PCK的化学教师在PCK六组分水平上均显著高于隐性学习PCK的化学教师。

图 8.9　预调查初步结论

为了进一步检验 PCK 的六组分结构（即混整观模型）是否能在正式研究中得到本土数据的支持，使用Amos 24.0软件进行验证性因子分析。具体而言，依据前部分预研究验证的结构模型，建立正式研究中的PCK假设结构模型，建立的模型如图前所示。将上述模型绘制完整后，导入数据并进行运算，使用 χ^2/df（＜3.0）、CFI（＞0.90）、TLI（＞0.90）、RMSEA（＜0.07）、SRMR（＜0.08）来检验模型与数据的拟合程度，拟合程度越高，说明该模型对数据的解释能力越强。具体指数的结果如表所示。将表中的数据对比各自拟合指数括号中的可接受范围，可以发现假设模型与数据的拟合度良好。

化学教师 PCK 六组分结构测量模型检验的标准化路径系数，及其分别对应的假设检验结果如表所示。由表可知，所有路径均支持假设，PCK具有稳定的六组分结构。

为了检验二阶因子 PCK 能否较好地解释六个组分，使用 Amos 24.0 软件再次进行验证性因子分析，运算得到的拟合指数如表所示。从表中数据可知，拟合度良好，二阶结构假设模型对数据具有较强的解释能力。化学教师PCK二阶结构测量模型的标准化路径系数及其对应的假设检验结果如表所示，所有路径均支持假设，二阶因子PCK能较好地解释六个组分。

图 8.10　研究问题 1 部分数据分析

将"教学经验"作为控制变量，有新手型、熟手型、专家型三个水平（为便于表示，将新手型教师记为 A 组，熟手型记为 B 组，专家型记为 C 组），再将 PCK 六个组分作为观测变量，得到基本描述统计结果后进行数据的方差同质性检验（为检查是否满足方差分析的前提），详见表。

由表可知， CTO 变量的 Levene 统计量的 F 值等于 6.13， $p<0.05$，达到 0.05 显著水平，须拒绝原假设"各组总体方差相等"，表明该群体样本的方差违反了同质性假定，须选择方差异质的多重比较方法。同理分析可得，其余五个组分的 Levene 统计量均显著，均拒绝方差同质性假设，因此须选用相应的方差异质的多重比较方法（本研究中选择了 Dunnett's T3 检验法）。

表呈现了不同教学经验化学教师 PCK 各组分单因素方差分析结果摘要。由该表可知，仅有 CTO 组分的 F 值为 1.54（$p = 0.22 > 0.05$），未达到显著水平，即不同教学经验化学教师的 CTO 组分间无显著性差异，得分上的差异可能是由于抽样误差所致。其他五个组分的 F 值均达到显著水平，说明 SMK、KoC、KoL、KoS 以及 KoA 这五个观测变量在控制变量教学经验上均存在显著差异。至于是哪些配对组别（如新手型 A 组与熟手型 B 组或熟手型 B 组与专家型 C 组）间的差异性达到显著，需对除了 CTO 之外的五个组分进行多重比较。

图 8.11　研究问题 2 部分数据分析

本部分将教师的 PCK 学习方式作为分组变量，将 PCK 各组分作为目标变量，进行独立样本 t 检验。组统计结果见表。由表可知，显性学习组的 PCK 六组分得分均高于隐性学习组，但是否具有统计显著性则需进一步查看 t 检验的结果，而查看"假定等方差"还是"不假定等方差"所对应的结果，则须通过 Levene 方差同质性检验以确定两组方差是否相等。表显示了独立样本 t 检验的输出结果摘要。若 Levene 同质性检验的 F 值无显著性，则认为方差相等（如 KoA 组分），读取"假定等方差"一行 t 值。反之则认为方差不等，应读取"不假定等方差"一行（如除了 KoA 之外其余五个组分）。表中所有需要读取的行都涂上了灰色底色。由表可知，不同 PCK 学习方式的化学教师 PCK 六组分水平均存在显著性差异。

图 8.12　研究问题 3 部分数据分析

8.5　优势局限

量表法主要具有以下三点优势：（1）科学性强，量表法具有比较严格规范的操作程序，研究结果可信度高，描述和概括事物的准确性高。（2）可操作性强，在量表编制、发布、统计、分析等各个步骤均有统一标准，清晰明确，便于操作。（3）简单高效，研究者实施前可根据研究问题直接筛选已有的量表并整合改编，在发放时可迅速高效地收集有关某一问题的丰富数据和详细信息，应用范围广（侯怀银，2009）。

然而，量表法也存在一些局限性：（1）由于量表测量的对象不同，所以单位也不同，比如 3～4 厘米和 4～5 厘米之间长度差距相等，但是用于测量某个变量（如化学学习动机）的得分差距并不相等。（2）量表具有间接性，测量结果往往是相对的。例如，研究者无法直接测量学生真正的化学学习动机，而只能通过学生对量表项目的反应或认同程度，间接测量其动机的相对高低。因此，测量工具和所要测量的属性之间差异的存在，可能会导致所测的数据并不完全等同于所测量属性的真实情况。（3）量表所测量的只是现象，而不是本质（梁永平等，2008）。例如，研究者可通过量表法测量学生对化学的喜爱程度，但无法直接解释学生喜爱化学的本质原因。

 要点总结

量表法是运用量表进行测量研究的方法。作为测量工具，量表通常包含一系列测验项目（任务或问题），且每一任务或问题各有事先规定的标准分数。

根据数据的计量层次可从不同等级对量表进行分类，按数据等级由低到高依次为定类量表、定序量表、定距量表和定比量表。采用定类量表或定序量表测量所得的数据类型同属定性取向的数据，这类数据可通过非参数检验的方法进行处理。采用定距量表和定比量表测量所得的数据类型同属定量取向的数据，可对其进行各种统计量分析与参数检验。此外，适用于低级数据的统计方法也适用于比其更高级的数据。

量表与问卷的差异主要体现在两者的标准化程度不同。相较而言，问卷的标准化程度相对较低，可从题项类型、编制架构和计分方式三个方面考察其标准化程度。

量表法通常以人为研究对象，在化学教育研究中大多为中学生或化学教师。此外，可基于群体特征对研究对象进行分类对比研究。量表法测量的是客体的属性或特征，既可用于外显的内容，也可用于内隐的内容。

量表法的实施过程按时间线可以分为实施前、实施中和实施后。在实施前需要确定研究的内容和目的，选择研究对象，进而根据所要研究的内容编制量表。编制量表又可以分为改编他人量表和自编量表，编制完成后需通过预调查评估项目，反映量表的信度、效度。根据反馈的结果来完善量表并用量表开展正式调查。最后对收回的量表进行数据整理分析，撰写调查报告。

量表法的主要优势包括科学性强、可操作性强、简单高效。然而，它也存在某些局限性，如由于量表测量的对象不同，所以单位也不同；量表具有间接性，测量结果往往是相对的；量表所测量的只是现象，而不是本质。

 问题任务

请简述你对量表法的理解，辨析其与问卷法的异同。

请基于化学教育研究领域，举例区分定类量表、定序量表、定距量表、定比量表，并与同伴讨论其对应数据类型。

在化学教育研究实践中，可通过哪些途径尽可能克服量表法的局限性？

任选一篇运用量表法的化学教育研究论文，分析该论文中的量表法的实施步骤与注意事项，并与同伴讨论。

请选定一个你自己感兴趣的研究主题，在导师的指导下尝试初步改编或自编量表。

罗伯特·F·德威利斯.量表编制[M].重庆：重庆大学出版社，2016.（量表编制的理论与具体应用）

Uzuntiryaki-Kondakci E，Capa-Aydin Y. Development and validation of chemistry self-efficacy scale for college students[J]. Research in Science Education，2009，39(4)：539-551.（量表编制的具体应用）

吴宝珠，钱扬义，林惠梅.手持技术数字化实验学生态度量表的初步编制和应用[J].化学教育（中英文），2021，42(11)：71-76.（量表编制的具体应用）

Deng F，Chai C S，So H J，et al. Examining the validity of the technological pedagogical content knowledge（TPACK）framework for preservice chemistry teachers[J]. Australasian Journal of Educational Technology，2017，33(3)：1-14.（量表法的具体应用）

邓峰，钱扬义，钟映雪，等.化学选修班学生对手持技术所持态度与认识的调查研究[J].化学教育，2008(06)：49-52.（量表法的具体应用）

第9章

实验法

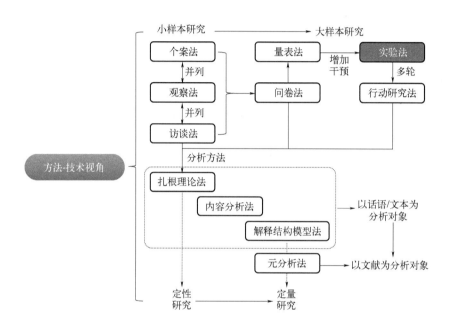

【课程思政】行是知之始，知是行之成。
——陶行知

 本章导读

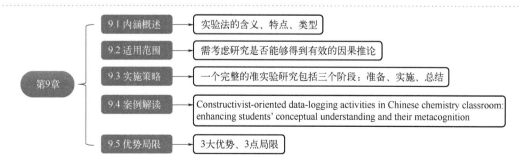

通过本章学习，你应该能够做到：

- 简述准实验研究的含义
- 阐述不同类型准实验设计的特点
- 辨识准实验研究的适用范围
- 简述准实验研究的实施策略
- 说出准实验研究的优势与局限性

9.1 内涵概述

实验法是基于某种理论或假设，通过创设一定的情境操控研究问题中的某个或某些变量，以探求教育现象之间的因果关系与教育发展规律的一种研究方法（张莉等，2018）。在实验研究中，以研究参与者是否随机分组为标准，可将研究分为准实验（quasi-experimental）研究和真实验研究。准实验研究法是指在较为自然的情况下，无须随机安排受试者，直接使用原始群体，无法完全控制无关变量的一种实验研究方法。真实验是通俗意义上的实验室实验，其实验环境完全是一个"人工环境"，严格按照随机抽样的原则选择被试，对无关变量的控制水平高。化学教育研究往往在复杂的教育情境中开展，故从严格意义上来说并不能用真实验研究的方法进行研究，而只能运用准实验研究，故本章以准实验研究展开介绍。

从实验设计基本类型来看，准实验设计类型可分为单组前后测时间系列准实验设计、多组前后测时间系列准实验设计、不相等实验组对照组前后测准实验设计、不相等区组后测准实验设计、修补法准实验设计五种，其中单组前后测时间系列准实验设计较为基础，多组前后测时间系列准实验设计、不相等实验组对照组前后测准实验设计较为常见（柯乐乐，2016），故本章主要对前三种实验设计类型展开介绍，具体内容如下。

（1）单组前后测时间系列准实验设计。"单组"是指实验设计中仅有单个实验组作为研究对象，"时间系列"是指对参与者进行一系列的周期性测量，譬如周测或者月考。单组前后测时间系列准实验设计的基本模式如表 9.1 所示，其中字母"O"代表测量的结果，字母"X"代表实验处理，数字代表不同批次的数据收集。

表 9.1　单组前后测时间系列准实验设计

组别	前测	处理	后测
实验组	O_1、O_2、O_3、O_4	X	O_5、O_6、O_7、O_8

由表可知，单组前后测时间系列准实验设计是对实验组进行了一系列周期性的前测后加入实验处理，且在实验处理后又进行了一系列周期性的后测并比较实验结果的方法。实验通常采用回归方程判断一系列前后测数据的关系。这一方法的优点是通过多次测量避免单次测量可能出现的较大偏差，并且可以较好地控制成熟因素的影响。这里的成熟因素是指参与者在实验期间，生理和心理都会产生变化（譬如，教学时间过长的情况下，学生的化学认识能

力会随着年龄增长自然发展，这可能干扰实验处理的效果，故学生化学认识能力的提高难以单纯地归因于某种化学教学方法）。然而，单组前后测时间系列准实验设计缺点在于该方法缺乏对照组，实验内在效度较低；此外，单组前后测时间系列准实验设计要对实验对象多次测验，容易使对象产生疲劳厌烦情绪。

（2）多组前后测时间系列准实验设计。"多组"是指实验设计中包含对照组和实验组。多组前后测时间系列准实验设计与单组前后测时间系列准实验设计最大的不同在于增加了对照组，而实验组可以有一组或者多组，也可以有一个或多个处理，具体情况需视研究目的而定。表 9.2 为施加了不同处理条件（用字母 X_1、X_2 表示）的两组实验组的准实验设计。

表 9.2　多组前后测时间系列准实验设计

组别	前测	处理	后测
实验组 1	O_1、O_2、O_3、O_4	X_1	O_5、O_6、O_7、O_8
实验组 2	O_1、O_2、O_3、O_4	X_2	O_5、O_6、O_7、O_8
对照组	O_1、O_2、O_3、O_4		O_5、O_6、O_7、O_8

譬如，研究中欲探查小组合作学习在初三化学用语教学中的作用，可设置实验组和对照组。实验前测中，研究者对实验组和对照组的学生（单独学习化学用语）进行为期 4 周的每周五周测，接着在第 5 周对实验组采用课堂小组合作的形式学习化学用语，而对照组仍采用单独学习的形式学习化学用语。其后对实验组和对照组的学生进行为期 4 周的每周五周测，收集后测成绩并探讨研究结果。相较于单组前后测时间系列准实验设计，该方法由于引入对照组，增强了实验的内部效度，是一种较常用的准实验设计方法；然而多次测验观测时间长，容易使对象产生疲劳厌烦情绪，而且相较而言其需要研究的组更多，提高了研究成本。

（3）不相等实验组对照组前后测准实验设计。不相等实验组对照组前后测准实验设计一般是在原有环境下按照现有班级、年级或学校进行，常用于不能随机抽样分配实验组和对照组但又需要有实验组和对照组的实验设计，即对照组和实验组是不相等的。值得一提的是，随机意义上的不相等是指两个分组并非随机抽样所得，并不意味两个组间在相关特征上没有相似之处。其基本模式如表 9.3 所示。从其基本模式可以发现，不相等实验组对照组前后测准实验设计与多组前后测时间系列准实验设计的区别在于前者前测后测次数较少，并没有采用周期性的测量。此外，前者的分组方式不强调实验组和对照组的随机取样，故一般直接使用现有的班级进行研究。因而，其优点在于能够适应现实中不能随机选择班级的情况，是一种很常用的方法。

表 9.3　不相等实验组对照组前后测准实验设计

组别	前测	处理	后测
实验组	O_1	X	O_2
对照组	O_3	X	O_4

值得注意的是，不相等实验组对照组前测最主要的目的在于检验实验组和对照组是否近似，若两组在成绩等方面相差较大，则不适合采用此方法。同时前测数据越相似，说明两个

组的起点越相近，若经过实验处理后两者在终点处产生显著性差异，则证明得到的实验结果越可信。另外，结果分析时需对后测数据进行统计分析，而不能简单地比较平均分或者方差的数值。以高一学生自主学习化学课堂教学实验研究中使用不相等实验组对照组前后测准实验设计为例，实验目的为比较自主学习的课堂教学模式与传统的模式在学生化学成绩、自主学习能力、自我效能感等方面的影响。第1步是前测部分，选择同一教师教授的两个平行班分别作为实验班与对照班，并对两个班进行相同的纸笔测验（知识技能方面）、问卷调查（自主学习能力方面、自我效能感方面）；第2步则对实验班用自主学习的模式进行教学，而对照班采用传统模式；第3步对实验班和对照班进行相同的有关知识技能、自主学习能力以及自我效能感方面的后测。

9.2 适用范围

　　准实验研究设计是一种不完全控制潜在混淆变量的实验研究设计。在大多数情况下，不能实现完全控制的主要原因是受试者不能被随机分配至任何组别。譬如，某项研究的目的为比较高一年级学生在几种不同教学方法下的化学成绩变化。为控制混淆变量的影响，研究者将高一年级学生随机分配到不同的组或班级，其后分别采用不同的教学方法教授化学。但是受限于某些客观因素，如本学期早已开学或校方可能不同意研究者将学生重新分配到不同的班级，研究者可能无法将学生进行随机分配。这意味着研究者必须利用现有的班级进行研究，需回避随机分配。因此，当随机分配不具有可行性时，就必须运用准实验研究法（Burke等，2016）。

　　在进行准实验研究设计时，研究者需考虑的首要问题是所采用的研究方法是否能够得到有效的因果推论，这是缘于此研究方法并未排除所有混淆变量的影响。为达到从准实验研究设计中得出因果推论的目的，研究需与其他任何因果关系一样满足以下三个要求：结果与原因共变（结果随原因的变化而变化）、原因发生在结果之前、竞争性假设或替代性解释不可信。相较前两者，第三个要求较难实现，因为准实验研究中受试者并非随机分配，故只有收集到表明竞争性假设、替代性解释或内部效度威胁因素不可信的数据后，才能得出因果推论。

　　在准实验方案设计中，可以根据不同的需求和目的，选择合适的准实验设计类型。故在了解准实验研究法的整体适用范围后，下文将分别简单介绍单组前后测时间系列准实验设计、多组前后测时间系列准实验设计、不相等实验组对照组前后准实验设计的适用范围。

　　（1）单组前后测时间系列准实验设计　在实验设计中仅用单个实验组作为研究对象来研究实验处理的效果。例如，研究者在探查班内某位化学成绩优异的学生的学习策略时，难以在班内找出第二位相同能力水平的学生，只能选择单组前后测时间系列准实验设计。其设计要求在实验处理实施的前后对因变量进行多次测量，属于时间系列设计，适用于研究对象为一整组受试者或单个受试者，且不能拆散成控制组和实验组，研究者仅仅研究一个自变量的效果的情况。

　　（2）多组前后测时间系列准实验设计　区别于单组前后测时间系列准实验设计，多组前后测时间系列准实验设计增加了对照组与实验组，增强了实验的内部效度，是准实验研究中较易理解且常用的研究设计。例如，研究者希望探究小组合作学习在初三化学用语教学中的作用，选取两个班级作为样本群体，分别为对照组和实验组。前测阶段，对两组均采用单独学习的教学模式。实验处理阶段，对实验组采取小组合作的学习模式，而对照组不做实验处理，进而可得到相关因果推论。

（3）不相等实验组对照组前后测准实验设计 对实验组和对照组进行前测，并在对实验组施加实验处理条件后进行后测。例如，研究者进行高一学生自主学习的化学课堂教学实验研究，其研究目的为比较自主学习的课堂教学模式与传统的课堂教学模式在学生化学成绩、自主学习能力、效能感等方面是否具有差异，其自变量为课堂教学模式（自主学习或传统教学）。此类实验设计适用于实验组与对照组的起点接近，即前测结果近似，在研究自变量上相差不大的情况。此外，研究相同研究样本的两个不同自变量时也可选择此类实验设计。

9.3 实施策略

有效、科学、详细、完整的准实验需按照既定的过程步骤完成。如图 9.1，一个完整的准实验应该包括以下三个主要研究阶段：准备阶段、实施阶段、总结阶段。

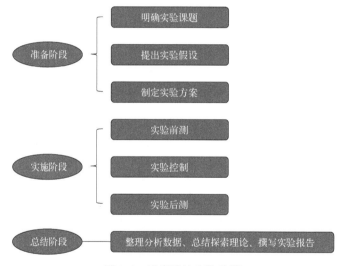

图 9.1 准实验法实施步骤

9.3.1 准备阶段

准实验成功与否，很大程度上取决于实验前的准备工作，准实验的准备阶段包括 3 个主要步骤。

（1）根据研究目的确定实验课题。教育实验课题的选择、确定与一般研究课题有相似之处，均需紧密围绕研究目的。此外，教育实验课题的选择还需要注意以下要求。①实验课题的确定需要考虑研究者的主观条件（如时间精力、能力水平与经验程度等）与客观条件（如资金、技术、人力等）。②实验课题应具研究价值，体现科学性和创新性。研究价值是指能够在理论上填补研究空缺即对已有研究的发展、完善或修正，或是能够解决某个问题从而促进教学发展，如实验结果表明某种教学方法可提升化学教学质量，为教学工作者提供有益参考等。③准实验研究的课题范围要适当，过宽或过窄的课题均不利于体现研究的价值或质量。

（2）根据已有经验或相关理论，通过逻辑推理得出实验假设。研究者需根据初步观察得到有关课题的事实，以及所搜集的有关文献数据，从而得出实验假设，实验假设的提出应满足以下条件。①实验假设必须以一定的事实材料和已有科学理论为基础。②实验假设应是包含自变量和因变量，及其期望关系的陈述句。研究者要明确实验过程中改变哪些因素，进而对哪些因素的变化产生影响，在假设中需将这些问题阐述清楚。③实验假设最终可以得到检验。

（3）系统地制定实验方案。实验方案的设计是研究者对如何实施研究做出比较详细的规划，是能否实现实验目的的主要保证。实验方案根据实验目的和实验指标，通过对实验对象、实验模式等的分析，并考虑实验时间安排、财力物力、技术设备等制定实验程序和控制措施。实验方案通常包括以下内容：明确界定实验要研究的具体问题；选择实验设计基本类型；确定实验的自变量及呈现方法、因变量及其测定方法、无关变量的控制措施；确定取样大小及方法；安排实验的具体步骤及选择适当的统计方法；明确实验者队伍与组织、分工与协作。

9.3.2 实施阶段

准实验的实施是把实验设计从方案变成实际行动，这是得出实验结果的关键和达成实验目的的手段。一般而言，实施阶段包括实验前测、实验控制、实验后测3个步骤。

（1）实验前测　在正式施加实验干预之前，可进行实验前测。实验前测又叫"事前测验"（黄梅，2018），指在实验之前研究者为了解参与者的某些特征的现有水平而对受试者进行的测验。实验前测有3个主要作用：①了解参与者的某些特质水平，以便研究者采取有针对性的干预措施；②为参与者的选择和分组提供依据；③与后测进行比较，可得出自变量作用于参与者后所引起的变化量，从而得到接受或拒绝假设的依据。譬如，在高中生化学反应原理问题解决测量培养的实验研究（罗颖，2018）中，研究者在教学实验之前对所选取的两个班级进行测试和问卷调查，以探查两个班级的学习情况是否存在差异。结果表明，两个班级基本学习情况不存在显著性差异，因而可以选为调查研究对象。值得一提的是，前测这一步骤是重要但并非必要的，在"不相等区组后测准实验设计"中并未涉及前测这一步骤。

（2）实验控制　实验控制是指控制在一定条件下对研究对象实施实验，是准实验实施的重中之重。在化学教育研究的准实验过程中，由于参与者不能随机安排，由此产生的无关变量对实验的影响无法控制。但研究者需尽量降低无关变量的干扰，以确保实验结果的有效性。控制无关变量的方式可采用随机法、消除法、恒定法、均衡法等。

① 随机法即将变量以随机分派的方式，分配到实验组和对照组中。在使用随机法时通常进行以下2个操作：一是采用随机方法将参加实验的所有参与者均等分组；二是采用随机的方法确定实验组和对照组。

② 消除法即在实验过程中采取一些相应的措施消除对实验结果产生影响的无关变量的方法。实际上，这一方法实施起来较为困难，因为许多无关变量无法完全消除，同时消除无关变量的过程中可能会引入其他更加难以控制的无关变量，会使实验失去真实性。

③ 恒定法指保持无法消除的无关变量恒定，即在整个实验期间尽量使所有的实验条件或处理等都恒定不变。以高中化学课堂教学设计研究（连顺珊，2019）为例，研究者在准实验

实施阶段通过同一位老师教授两个班级，课堂进度也保持一致的方法，降低教师的教学能力、课堂进度这两个无关变量的干扰。

④ 均衡法即使无法消除和恒定的无关变量对实验组和对照组产生相同的影响，从而使无关变量的影响抵消。譬如，研究与探讨不同的练习方式对学生化学成绩的影响，学生的练习态度、知识经验是该研究中的无关变量。因此可以采用轮组实验法使无关变量对化学成绩的影响均衡，从而抵消其对实验结果的影响。

（3）实验后测　实验后测是指研究者在实验所研究的特质上，对受试者的现有水平进行的测验。其主要作用是使研究者了解在实验变量实施后，受试者在所研究的特质上达到的水平。值得注意的是，实验后测的时间安排要合适，通常应在实验处理停止后立即进行，并且保证后测和前测必须是同质性测验，以提供两次测验结果比较的基础。这里的同质性测验是指前测和后测的所有题目之间性质保持一致性，即测验同一种特质。简而言之，前测和后测是等效的，是"换汤不换药"的题目。

此外，实验中要保证后测与前测分数的同值性，以保证后测测验工具与前测一致。同样地，以高中生化学反应原理问题解决测量培养的实验研究为例，案例中研究者在教学结束采用同质性的前测和后测调查问卷和测试题对学生进行测验，并对比分析前测与后测的结果，以得到证明或证伪假设的依据。在整个实验过程，应如实、系统、详细地记录实验过程中自变量的操作情况、无关变量的控制情况、因变量的变化情况和其他相关实验情况，积累详尽的原始数据。

9.3.3　总结阶段

通过实验结果，获得了大量的原始数据，因此研究者需对研究结果进行整理、评价等，从而使研究数据真实地反映事实，达到实验目的。总结阶段可按照以下 3 个任务实施：（1）整理并分析数值型或非数值型的实验数据，揭示变量之间的关系；（2）总结与探索理论；（3）撰写研究报告。

需注意的是，实验数据的整理、分析应围绕因变量的观测指标进行，准实验研究的结果既可以从质的角度进行定性的分析，也可以从量的角度进行定量的分析。定性分析与定量分析两者互为基础，相互补充且密不可分。数据的统计方法有多种，主要包括 2 个层次（柯乐乐，2016）：（1）描述性统计方法，常用到频数、排名等，从而解释变量间关系；（2）推断性统计方法，这一方法主要包括 t 检验、z 检验、χ^2 检验、单因素方差分析、协方差分析、重复测量方差分析等。无论使用哪种统计方法，其选择均需围绕研究目的或问题而确定。

9.4　案例解读

为了更好地理解准实验研究，以下将以笔者与同事发表的论文"Constructivist-oriented data-logging activities in Chinese chemistry classroom：enhancing students' conceptual understanding and their metacognition"（Deng et al.，2011）为案例，展开对不相等实验组对照组前后准实验的详细介绍。在准备阶段，研究者进行文献综述，明确实验课题，系统梳理

了国内外关于数据采集器对促进学生科学概念理解或提升元认知水平的教学研究（见图9.2），以提出该准实验研究的假设（见图9.3），并设计相应的实验方案（见图9.4）。

In this section, a review on using data-logging to facilitate students' conceptual understanding of science contents is firstly provided. This is followed by discussion on the potential role of data-logging in develop students' metacognition. In the end, the meaningful learning framework (Jonassen et al., 2008) is introduced to illustrate the constructivist uses of data-logging in chemistry classroom.

图 9.2　准实验研究案例的文献综述思路

1. When prior chemistry achievement and prior metacognition are controlled, the DBLE group demonstrates better conceptual understanding than the comparison group.

2. When prior metacognition is controlled, the DBLE group develops more advanced metacognition as compared to the traditional group.

3. Within the DBLE group, students' conceptual understanding is associated with their metacognition after the treatment.

图 9.3　准实验研究案例的实验假设

Participants: Participants of this study were 130 Grade 11 high school chemistry students enrolled in two intact classes (65 from each) in a public high school in Guangzhou, China, where Chinese is the language of instruction.

Instrument:①**Data-logging.** Multiple sets of data-loggers and sensors (i.e., pH, temperature, pressure, carbon dioxide sensors), and computers were prepared for the DBLE group.

②**Conceptual Understanding of Hydrolysis and Titration (CUHT) Test.** The CUHT test consists of two parts. The four items in the first part focus on students' conceptual understanding of hydrolysis, such as how the concentration of various ions would change during the hydrolysis of salt (i.e., Ferric chloride, $FeCl_3$) and whether hydrolysis is an exothermic or endothermic reaction. The other four items in the second part concentrate on students' understanding of titration concept, such as which ions would be consumed and what could be inferred from the ending point (i.e., the concentration of hydrogen ions is equivalent to that of hydroxide ions).

③**Metacognition survey.** Based on the aforementioned definition of metacognition, Panaoura et al's (2003) instrument has been adapted and translated to assess all participants' metacognition. Among the eight subscales suggested by Panaoura et al's (2003), only five were selected based on the negotiation between the researchers and school teachers.

图 9.4　准实验研究案例的实验方案

在实施阶段，研究者先测查2个班级在教学实验前的元认知水平（见图9.5）。然后控制实验条件，同一研究者向2个班级开展不同教学模式的教学（见图9.6）。在教学实验后，再次测试学生的元认知水平，同时测试学生的化学概念理解水平（见图9.7）。

在总结阶段，研究者先整理、定量地分析实验数据，揭示变量之间的关系（见图9.8～图9.10），然后总结得出结论（见图9.11）。需要说明的是，在该研究中，研究者并未在前测阶段测试学生化学概念理解，而是将2个班级学生以往的化学成绩作为协变量进行控制，即采用协方差分析探查教学模式对化学概念理解及元认知水平的影响作用。诚然，这也可视为该研究的局限性之一。

The CUHT test was concurrently administered with the post-survey of metacognition.Considering that the two halves should be as equivalent as possible (e.g., in terms of the concepts assessed and the design of items), the first half included items 1.1, 1.2, 1.3 and 1.4; while the other half included items 2.1, 2.2, 2.3, and 2.4. The value for the split-half coefficient was .76, indicating satisfactory reliability. Face validity of the CUHT test was established by the co-construction of the items with the two teachers.

The pre-survey of metacognition was conducted one week before the treatment.A principal component analysis with varimax rotation was conducted to analyze the pre-survey data (N=130).

图 9.5 准实验研究案例的实验前测

The treatment: At the time of this study, students were about to start the Solution Chemistry unit. This unit covered the following concepts: electrolyte, ionization equilibrium, ionization of water, ion-product constant of water (K_w), pH and its calculation, titration, and hydrolysis of salt. During the four-week treatment, students were instructed about the above unit by a researcher for three 45-minute periods per week as part of their regular chemistry lessons. The main difference between the two groups was the instructional approach employed.

In the comparison group, the instructional approach was teacher-oriented in nature, and students were required to take notes and acquire the facts from their teacher in a step-by-step fashion.

In the DBLE group, a constructivist-oriented and data-logging based approach was employed.

图 9.6 准实验研究案例中的实验控制

The CUHT test was concurrently administered with the post-survey of metacognition.

The pre-survey of metacognition was conducted one week before the treatment, and the post-survey conducted with the CUHT test. Each survey lasted for up to 20 minutes.

图 9.7 准实验研究案例的实验后测

Conceptual Understanding of Hydrolysis and Titration Test

A one-way analysis of covariance (ANCOVA) was conducted to assess whether students from DBLE group will demonstrate significantly better conceptual understanding than their counterparts from the traditional group. The dependent variable was the score on the CUHT test after the treatment. Two variables were used as covariate: students' scores on a chemistry semester test (i.e., prior chemistry achievement) and their scores on the pre-survey of metacognition (i.e., prior metacognition). Both the semester test and the pre-survey were conducted one week prior to the treatment. The ANCOVA was significant, $F(1, 92) = 74.63$, $p < 0.001$, $MS_e = 543.29$, partial $^2 = 0.45$. The group factor explained 45% of the variance of the dependent variable. The effect size of partial $= 0.67$ is considered very large according to Cohen's (Cohen, 1988). The two covariates did not predict the CUHT test score: prior chemistry achievement, $F(1, 92) = 0.43$, $p = 0.52$, $MS_e = 3.10$, partial $^2 = 0.005$; prior metacognition, $F(1, 92) = 0.26$, $p = 0.61$, $MS_e = 1.90$, partial $^2 = 0.003$. Table 3 presents the means and standard deviations for both two groups on the CUHT test, before and after controlling for prior chemistry achievement and prior metacognition. Therefore, the first hypothesis can be accepted.

图 9.8 准实验研究案例中有关化学概念理解的数据分析（节选）

Metacognition survey

To test the second hypothesis of this study, a oneway analysis of covariance (ANCOVA) was computed using the score on the post-survey of metacognition as the dependent variable and prior metacognition as the covariate. However, the homogeneity-of-slope assumption was violated, because there was significant interaction between the group factor and thecovariate, $F(1, 92) = 48.31$, $p < 0.001$, partial $^2 = 0.20$. This indicates that ANCOVA should not be conducted (Green et al., 2000). Thus, independent t tests were conducted to examine the differences between two groups in their scores on both pre- and post-survey of metacognition. Results indicated no significant difference in prior metacognition, $t(94) = 0.78$, $p = 0.44$. The DBLE group ($M = 44.57$, SD = 4.47) scored higher in the post-survey of metacogntion than the traditional group ($M = 39.60$, SD = 4.51), $t(94) = 5.41$, $p = 0.001$, Cohen's $d = 0.81$. Thus, the second hypothesis proposed was supported.

图 9.9　准实验研究案例中有关元认知的数据分析（节选）

Association test

The third hypothesis predicted that the DBLE group students' conceptual understanding in chemistry would be associated with their metacognition (after the treatment). Pearson correlation coefficients were computed between the CUHT test scores and the post-scores of the three metacognition subscales, and significant correlations were recognized: MK ($r = 0.58$, $p < 0.01$), WSRB ($r = 0.54$, $p < 0.01$), and SRPS ($r = 0.55$, $p < 0.01$). For the behavioral sciences, these correlation coefficients all demonstrated large effect size (Green et al., 2000). This indicated that students with more advanced metacognitive knowledge or regulation gained higher scores on the CUHT test. Thus, the third hypothesis could be accepted as well.

图 9.10　准实验研究案例中的概念理解与元认知关系的数据分析

The results showed that the DBLE group students were more likely to develop better conceptual understanding of both hydrolysis and titration concepts, as well as more advanced metacognition, as compared to the traditional group....

This study seems to suggest the feasibility and advantages of using data-logging in high school chemistry classroom. The time spent on learning the Solution Chemistry unit was equivalent for both groups. The main difference was that the DBLE group made full use of the "Exercises" time to conduct related inquiry, while the traditional group solved textbook problems....

From the socio-cultural perspectives, the findings can be interpreted in at least two ways. First, the pedagogical design for the DBLE group seems to parallel the current pedagogy (e.g., constructivism) advocated in mainland China. ...Second, the "better" performance of the DBLE group can be interpreted by examining the predominant ideology in mainland China and students' preference of exploratory experiments. ...

图 9.11　准实验研究案例中的结论（此处略去佐证文献的讨论等内容）

9.5 优势局限

准实验研究主要具有以下优势：（1）高便捷性，准实验研究控制水平较低，不要求对被试进行随机安排，而使用原始的被试群体，在接近现实的条件下进行实验处理；（2）高现实性，准实验研究和实践间的跨度较小，实验结果容易与现实情况相联系；（3）较高的外部效度，准实验研究因没有过多的人工干预，实验在接近自然的情境下进行，故外部效度优于真实验研究。然而，准实验研究也存在一些局限性，主要体现在无法随机取样和无法完全控制变量引起的效度和推广性问题（柯乐乐，2016），具体包括：（1）研究样本数较少，代表性不强；（2）不能严格控制无关变量，其推广性受到质疑；（3）使用原始的参与群体进行研究，无法证明受试群体的代表性，进而导致内部效度低、推广性不强。

 要点总结

准实验研究法是指在较为自然的情况下，无须随机安排受试者，直接使用原始群体，无法完全控制无关变量的一种实验研究方法。教育科学的研究往往在较为复杂的教育情境中开展，故从严格意义上来说教育科学研究不能用真实验研究的方法进行，而只能运用准实验研究。

从实验设计基本类型来看，准实验设计类型可分为单组前后测时间系列准实验设计、多组前后测时间系列准实验设计、不相等实验组对照组前后测准实验设计、不相等区组后测准实验设计、修补法准实验设计五种。相较于单组前后测时间系列准实验设计，多组前后测时间系列准实验设计由于引入对照组，增强了实验的内部效度，是一种较常用的准实验设计方法。区别于前两种实验设计，不相等实验组前测后测次数较少，并没有采用周期性的测量，其分组方式不强调实验组和对照组的随机取样，故一般直接使用现有的班级进行研究。

准实验研究主要适用于开展不完全控制潜在混淆变量的实验研究。另外，研究者还需综合考虑该研究方法是否能够得到有效的因果推论等因素。为达到从准实验研究设计中得出因果推论的目的，研究需与其他任何因果关系一样满足以下三个要求：结果与原因共变，原因发生在结果之前，竞争性假设或替代性解释不可信。

准实验研究的实施主要包括三个阶段：准备阶段、实施阶段、总结阶段。首先，准备阶段，研究者需要根据研究目的确定实验课题；根据已有经验或相关理论，通过逻辑推理得出实验假设；系统地制定实验方案。接着，实施阶段，研究者开展实验前测、实验控制、实验后测。最后，总结阶段，研究者整理、定性或定量分析实验数据，揭示变量之间的关系，总结得出结论，撰写实验报告。

准实验研究的主要优势包括便捷性、现实性、外部效度较高等。然而，它也存在某些局限性，主要体现在无法随机取样和无法完全控制变量引起的效度和推广性问题。

 问题任务

请简述你对同质性检验的理解，并举例说明。

请解释"成熟因素"的含义，并判断其是否为无关变量。

试述你对"前测是重要但非必要"这句话的理解。

在化学教育研究实践中，你认为可通过哪些途径尽可能克服实验法研究的局限性？

任选一篇化学教育干预类研究论文，分析该论文中的实验设计方案与实施情况，并与同伴讨论。

 拓展阅读

陈俊浩，顾容，李春霞.准实验研究在教育技术领域的应用[J].现代教育技术，2009，19(12)：31-34.（实验法的应用现状）

车宇艺.不同化学学习情境下高中生科学本质观的差异研究[D].广州：华南师范大学，2017.（实验法的具体应用）

Deng F，Chen W，Chai C S，et al. Constructivist-oriented data-logging activities in Chinese chemistry classroom：enhancing students' conceptual understanding and their metacognition[J]. Asia-Pacific Education Researcher，2011，20(2)：207-221.（实验法的具体应用）

第 10 章

行动研究法

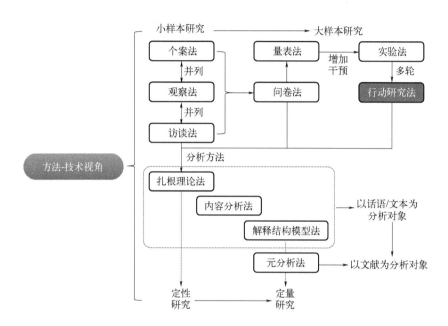

【课程思政】力行而后知之真。
——王夫之

 本章导读

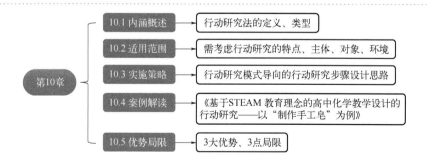

通过本章学习，你应该能够做到：

- 简述化学教育行动研究法的含义
- 列举并解释行动研究的类型
- 区分各种行动研究模式
- 辨识化学教育行动研究法的适用范围
- 简述化学教育行动研究的实施策略
- 说出化学教育行动研究法的优势与局限性

10.1 内涵概述

行动研究法，顾名思义，包括"行动"和"研究"。行动指实践者、实际工作者为达到某种目的而进行的实践活动和实际工作；研究指受过专门训练的专业工作者、专家学者运用数据收集、分析和解释等方法解决问题，实现对人的思维活动、社会活动和世界的探究过程。

10.1.1 行动研究法的含义

目前学界对"行动研究法"的定义并不尽相同。譬如，Lewin（1946）认为行动研究法是将理论研究者与实践工作者的智慧与能力有机地结合起来，从而解决某一具体问题的一种方法。Elliott（1991）认为行动研究是社会情境（教育情境）的研究，旨在改善社会情境中行动的质量。Kemmis 等（1988）认为行动研究法是社会情境（教育情境）的参与者为提高对所从事的社会或教育实践的理性认识，为加深对实践活动及其依赖背景的理解所进行的反思研究。综合不同研究者的观点，行动研究法可理解为在社会情境（教育情境）下，参与者为提高对所从事的社会或教育实践的理性认识，按照一定的操作程序，综合运用多种研究方法与技术，以解决具体问题为目的的一种反思性研究。

相应地，化学教育行动研究法指在化学教育情境中，研究者有目的、有计划地对化学教育或教学行动中的具体问题进行系统探究，以提高化学教育行动有效性的研究活动。该定义涵盖了研究主体、研究过程和研究目的 3 个要素。其中，研究主体或研究者一般指一线化学教师或学校化学教育管理者；研究过程是循环递进的探索性过程，需要研究者在研究中行动、在行动中研究；研究目的是解决化学教育行动中遇到的具体问题，提高行动的质量，即为行动而研究。总的来说，行动研究法有助于中学一线化学教师从经验型教师向研究型教师转变，它要求化学教师对整个研究历程进行系统性、持续性的批判性思考。

10.1.2 行动研究法的类型

根据参与者人员组成的不同，可将化学教育行动研究分为独立式、支持式和合作式 3 种。其中，独立式研究一般指化学教师独自对中学化学教育或教学实践中的问题进行探究。支持式研究则指除化学教师个人外，校内或校外的相关人员（如化学科组同事、化学教研员等）帮助开展研究。另外，合作式研究指上述校内或校外人员，与教师一起共同参与行动，并在研究过程担负相应的责任。相应地，这3种不同类型的行动研究所要解决的化学教育或教学问题的广度与难度也呈逐渐增大的趋势。

根据操作模式来看，行动研究的模式主要包括勒温（Lewin）模式、凯米斯（Kemmis）模式、艾略特（Elliott）模式与埃伯特（Ebbutt）模式4种。其中，勒温所提出的螺旋循环模式应是最早的行动研究模式（见图10.1），该模式将每个行动研究的进行过程描述为一种螺旋循环的步骤，且每个步骤包含了计划、行动、观察与反思四个环节。一个循环结束后，则可继续下一个循环。凯米斯模式则可视为对勒温模式的进一步完善，该模式强调经过一轮研究之后，研究者需要在反思的基础上对原计划进行修改，方可进行第二轮的研究，即下一轮研究与上一轮研究为递进而非并列关系。

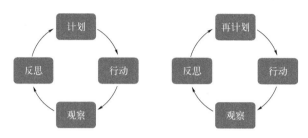

图 10.1 勒温模式

作为对凯米斯模式的拓展，艾略特模式则强调将"行动-反思"的循环图转变为步骤式的研究程序（见图10.2），以增强行动研究的可操作性。埃伯特模式（见图10.3）则认为前3种模式可能过于"理想化"，在任何阶段都可能出现失败或与期望不符的结果。因此，该模式强调研究者可以根据实际情况修改总计划甚至研究课题的方向；同时研究者需要随时根据各个环节的反馈情况来调整行动的方向。

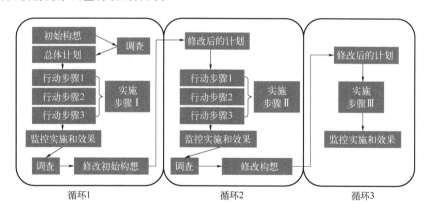

图 10.2 艾略特模式

综上，以上4种模式的起点均是对待解决问题的界定和分析，在计划实施过程中均强调研究者的反思，且均一致强调螺旋循环，这有力地体现了"事物的发展是螺旋式上升"这一哲学思想。诚然，行动研究的模式不止这4种，且行动研究并无固定的模式，研究者需要结合自己的研究问题以及研究过程中的实际变化对行动研究的步骤做相应的调整，以更好地解决问题。

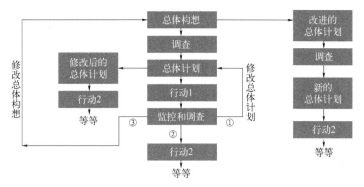

图 10.3　埃伯特模式

10.1.3　行动研究法的特点

整体而言，行动研究法的特点主要包括问题导向性、螺旋式结构、双重身份性、强调合作性以及强调反思性 5 个方面（图 10.4）。其中，双重身份性与强调合作性可从研究者的角度来理解；而问题导向性、螺旋式结构与强调反思性则可分别从研究问题、研究结构以及研究过程等视角解读。

图 10.4　行动研究的特点

（1）研究问题的问题导向性　如前所述，教育行动研究法是一种以解决学校中某一实际问题为导向的现场研究法，所研究的问题一般是中小学教师教育实践活动中常遇到的棘手问题，具有一定的特殊性（李西亭等，1995）。譬如，元素化合物教学是中学化学教学中的重要组成部分，但此类内容的教学只能遵循"结构-性质-用途"这一模式吗？是否可以融合落实一些新的教育理念（乔敏，2006）？再如，在初中阶段，化合价一直都是初三学生学习化学的难点，为什么会这样？到底难在哪里？如何解决这个问题？依据这些现实问题，研究者可针对"如何有效提高化合价的教学效果"进行行动研究（范雪媛，2018）。

（2）研究结构的螺旋式结构　行动研究法有一定的程序或步骤，在整体上形成了一种多重反馈的螺旋式结构（陶文中，1997）。开展行动研究是一个循环的过程，行动研究并非由计划开始到反思结束的线性发展，而是需要不断总结，预备开始下一轮的实践循环过程，这种循环过程是检验行动必须经历的。譬如，有化学教育研究者分别采用了"教学设计—教学实践—教学反思—教学再设计—再实践—再反思"（乔敏，2006）与"设计—实践—反思"（管群，2007）研究模式开展"氮气和氮的固定"与"化学反应速率"主题的教学行动研究。

（3）研究者的双重身份性　从事教育行动研究的人员本身也是教育工作者，譬如一线化学教师或化学教育管理者，同时他们也是研究结果的应用者。所以教师更能认识到该研究的重要性和可行性，并将行动研究的结果直接应用于教育工作中以推动教育改革（陶文中，1997）。譬如，有研究者（韩峰等，2009）通过行动研究把绿色化学理念贯穿于化学教学的始终，并倡导"教师在课堂教学、实验等方面要始终贯彻绿色化学的思想，把绿色化学的理念渗透到教学的每个角落"。

（4）研究者的强调合作性　如上所述，合作式的行动研究倡导通过成员间相互合作的方式来共同完成研究，成员组成一般包括研究人员与教师，以及外部人士（如教学专家、同事）（汪晓飞，2008）。这类行动研究强调合作，且整个过程都需要成员共同参与讨论与决策活动（刘淑杰，2016）。

（5）行动研究过程的强调反思性　行动研究中的个人反思和集体反思同等重要。下一轮研究需要怎样修改？为何要这样改？哪些还能继续做，哪些不能？对这些问题的深度思考将有助于研究者在下一轮研究中更好地完善计划以解决问题（袁桂林等，1997）。

10.2 适用范围

化学教育行动研究是针对实际化学教学情境而进行的研究，尤其适用于化学教育实际问题的中小规模的研究。

化学教育行动研究法一般适用于以下情况：（1）化学教师试图在化学教学过程中将新的改革措施引入原有的课程教学体系；（2）化学教师试图解决日常教学问题，以更有效地促进学生的化学学习；（3）化学教育管理者试图为中学一线化学教师提供新的教学思路与方法，以促进其专业成长。需要注意的是，优质的行动研究要求化学教育研究者需具备较高的研究素养（如熟悉化学教育研究的3种范式与具体的定性或定量研究方法），并且能在研究中运用各种资源（包括人力、物力、财力与技术等）捕捉化学教育实践中存在的问题，并对研究中重要的问题进行确认（胡中锋，2018）。

10.3 实施策略

基于上述4种行动研究模式，同时考虑到化学教育研究的实际，笔者认为可通过确定问题、分析问题、制定计划、行动与评价和反思修正共5个步骤实施行动研究（见图10.5）。需要注意的是，反思修正也贯穿行动研究的全过程。

步骤1：确定问题　研究者需要针对教育的实际情境来提出研究问题。研究问题一般具有实践性或实证性，且问题的范围也不宜过大。如在

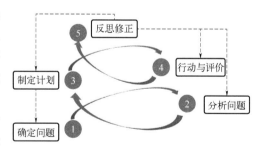

图10.5　行动研究的研究步骤

实际的教学过程中，教师发现以化学史导入的实验课中，学生的参与积极性较高，而在常规的概念或原理课堂上积极性较低。据此，研究者可提出"如何更有效地利用化学史促进学生的化学学习？"这一研究问题。

步骤2：分析问题　研究者在确定问题后，则可对问题进行深入分析。譬如，研究者可以自我提问：为什么会出现这个问题？为什么要研究这个问题？有无其他研究者研究过这个问题？他们用什么方法研究过这个问题？得出了什么样的结论？等等。回答上述问题需要进行文献查阅，了解已有的研究成果和实践经验，该过程有助于研究者更加明确研究方向、研

究内容和技术手段等。譬如，通过文献查阅，研究者发现融入化学史的教学内容更有趣味性，能激起学生的学习兴趣。因此，研究者提出构想——采用化学史教学来提高学生的积极性，从而促进学生的化学学习。

步骤3：制定计划　由于一开始提出的构想总是相对粗糙或理想化的，故研究者需要根据实际教学的情况，制定更加详细的行动计划。一般而言，行动计划的重点内容包括研究方法的选择、数据收集与分析方法的选择等，同时研究者也可通过回答一些基本问题制定更加详细的行动计划。譬如，哪些问题需要着手去做？什么时候做什么事情？怎样去做？进行时需要注意哪些问题？研究者可以考虑运用表格或图表对这些问题进行梳理式呈现，不仅方便阅读与记录保存，还有助于在后期复盘或溯源时能做到快速定位，以更好地对整个行动的思路进行反思。行动研究的计划清单主要包括行动内容、数据收集、行动时间、参与者和完成情况等，计划清单的条目不是唯一的，研究者可根据实际情况来制定或增减。此外，研究者还需要积极进行最能体现"研究"含义的原因分析和方案论证环节（钟柏昌等，2012）。譬如，问题背后的原因是什么？研究者打算如何解决？为什么选择某种解决方案而不是另一种？主要依据是什么？

步骤4：行动与评价　行动研究法的特点之一是边行动边研究，即需要同时兼顾行动与评价。研究者在行动过程中需要不断地收集各种数据以便于后续进行评价和反思；而评价是对行动过程的反馈或评估。此外，研究者应该注意避免有方案而无变通的形而上学做法。由于行动研究是在复杂的教育或教学实践中进行的，教育情境的变化或教师个人主观因素的变化都可能成为需要修改甚至重新制定研究方案的诱因。根据观察得到信息对行动的实际效果进行动态性评估，则能更好地促进整个行动的有效推进。

步骤5：反思修正　研究者需要对评价结果进行反思并修正。反思是对整个研究历程进行系统且持续的批判性思考，同时也是对上一个循环的总结。具体而言，研究者可结合以下问题进行反思：研究是否将过程性评价与结果性评价有机结合？行为是否严格按照计划实施？研究是否忠于研究数据，数据有无遭受人为删改？研究者可以基于反思判断原有的问题、研究计划和下一步计划是否需要作出修正，以及需要做出哪些修正。反思修正既是上一个循环的结束，也是新的行动研究下一个循环的开始。

反思修正后需要进一步实践，即进入下一轮循环。需要注意的是该循环是螺旋上升的。根据反思的结果，从不同的步骤开始新的循环。譬如，反思后发现行动方案可能不合适，则需要针对相同的问题，提出不同于上一轮的新方案。如果是在同一轮循环中发现新的问题，则需要从第一步开始，重新确定问题，提出新的行动方案。需要说明的是，若将某个研究问题解构成若干个子问题后按顺序研究，或将一个完整的研究任务分割成多个子任务进行分块研究，这并非行动研究模式所强调的"持续不断反省的循环"，而更像是分步解决问题而已。

10.4 案例解读

在实际教学中，教师该如何运用行动研究法解决教学问题？以下将以《基于STEAM教育理念的高中化学教学设计的行动研究——以"制作手工皂"为例》（陈静，2021）为案例，帮助读者了解行动研究法在化学教学中的应用。该研究案例中的 STEAM 教育是指集科学、技术、工程、艺术、数学于一体的综合教育，它强调以真实情境为驱动，用项目式学习的方法培养学生的问题解决能力。

10.4.1　第一轮行动研究

首先，研究者需要对研究背景和意义进行深入分析。基于本案例，研究者了解到 STEAM 的教学理念和目标与核心素养的要求相契合，可以促进"立德树人"根本任务的落实。研究者通过实际教学与调查，了解到班里的学生普遍具有分科思维，容易孤立地认识知识的存在，动手实践能力差，与此同时，"制作手工皂"是《化学》（选修 5）中的一节典型的实践活动课。基于此，研究者提出研究问题"如何基于 STEAM 理念的高中化学课程（以"制作手工皂"为例）提高学生的 STEAM 素养？"，并以此作为各轮行动研究的指引。具体到第一轮研究循环，对应的问题为：基于 STEAM 理念的高中化学课程（以"制作手工皂"为例）对学生的 STEAM 素养存在怎样的影响？

确定问题后，研究者进一步深入分析问题，尤其论述该问题产生的背景原因以及解决它的必要性（见图 10.6）。在此基础上，制定第一轮行动研究的计划，即以"制作手工皂"为教学内容，并基于 STEAM 理念进行相关的教学设计（见图 10.7）。同时，研究者还对该计划的合理性进行有关论证。譬如，该计划是以研究者的已有教学观察与问卷调查研究为前提，且参与行动研究的两个班级具备相应的条件基础。另外，研究者还在有关教学细节上进行规划要求，包括让学生认识手工皂发展史，掌握手工皂的制作原理，明确小组合作时的分组与分工的具体操作性问题等，较好地达到"计划要合理"这一要求。

> 其实高中化学与物理、生物、语文、数学、艺术等学科都有着密切的联系，由于高中学习任务重、时间紧及需要完成教学评价等一系列问题的存在，导致教师没有时间和精力去设计和实践多学科融合式教学。传统的化学课程教学方式不利于学生们形成开放式的思维模式，不能完全调动学生的积极性，也发挥不了学生的主观能动性。很多学生没有机会参与到实验教学中，解决问题能力相对较弱，难以体验到化学的魅力，从而失去了学习化学的兴趣。

图 10.6　行动研究案例的 STEAM 教学分析

> 由于高中化学课程有着自己的独特性，与语文、数学等课程并不相同，它能培养学生的创造性思维和社会实践能力，促进学生认识世界。结合前面章节对 STEAM 理念、特点、教学设计模型的介绍，笔者根据自身实习经历，以高二化学的实践活动课"制作手工皂"为例，依据高中化学课程与高中生的特点、高中化学学科核心素养与课程目标，以及基于 STEAM 理念的教学原则和教学策略等，进行了基于 STEAM 理念的高中化学课程的教学设计。

图 10.7　行动研究案例的 STEAM 教学设计

在行动环节，研究者观察到学生在进行实验制作手工皂时，会出现一些教师无法预料到的问题，此时教师根据学生的疑难点实时调整教学行动。另外，研究者对整个行动实施过程进行较系统的课堂观察，并将过程仔细地记录下来。例如，研究者通过观察学生小组活动的学习进展及问题解决情况，以动态了解学生的知识掌握与动手能力等情况。在评价环节，研究者需要对行动实施后的效果进行学生互评与教师评价，并据此发现学生的学习积极性较高，且整体表现良好。相应地，研究者得出第一轮研究的结论：基于 STEAM 理念的高中化学课程有助于提高学生的 STEAM 素养。最后，研究者对第一轮行动研究的整个过程进行具体的反思（见图 10.8），找出并修正不足之处，从而为下一轮研究奠定基础。

第一轮教学行动实施结束后，在课堂观察中笔者发现在基于 STEAM 理念的高中化学课堂中，学生的学习气氛更热烈，学习热情更高了。课堂中大部分学生能够集中注意力，积极主动地与老师互动、回答问题、参与小组设计与制作手工皂，参与度很高。

但也存在如下问题。

1. 在情境导入、引出课题环节里，教师只是展示了各种手工皂的图片，没有引导学生从肥皂的功能方面来了解手工皂，而且在看完肥皂发展史及各种手工皂介绍视频后，如果能引导学生说出自己的感悟会更好。

2. 在探究制作肥皂的方法、分组讨论与设计的环节里，教师只给学生提供制作手工皂的资料，没有放手让学生自己去查阅资料找出制作手工皂的原理和方法，这里应该让学生在自主探究中发现问题并尝试解决问题。学生才是课堂的主体，教师只是引导者。

3. 在学生设计手工皂时，学生只从手工皂的用途和外形方面对手工皂进行设计，教师应该引导学生从多角度考虑和设计。

图 10.8　行动研究案例的 STEAM 教学反思

10.4.2　第二轮行动研究

在第二轮行动研究的计划中，研究者对教学策略进行相应的调整（见图 10.9）。另外，在行动环节，研究者进一步明确教师在课堂的主要角色是学生的引导者、帮助者和观察者（见图 10.10）。另外，在评价环节增加了学生自评方式（见图 10.11）。基于问卷数据及其分析，研究者发现参与第二轮研究的班级的 STEAM 素养略微高于参与第一轮研究的班级，并据此说明经过改进的第二轮行动研究是有效的。与第一轮研究相比，第二轮研究虽然有所改进，但仍存在一些不足，研究者再据此进行反思，发现了一些新的问题，但限于各种实际原因，研究者并未开展第三轮行动研究。

根据第一轮行动实施出现的问题对第二轮行动实施的教学策略进行以下调整。

1. 在情境导入、引出课题的环节里，教师引导学生从生活中用肥皂去污功能的思路出发，说出肥皂的用途，看完相关视频后，让学生说出感悟，尝试分析制皂配方，回忆皂类的主要成分，然后老师再提出问题。

2. 在探究制作肥皂的方法、分组讨论与设计的环节里，让学生自己去查阅资料，学生选取合适的检索工具，合理安排分工、分组交流讨论，采取上网检索的方式收集数据，整理调查结果，撰写调研报告。

图 10.9　行动研究案例的第二轮行动研究计划

在实施第二轮行动研究时，高二(9)班根据已修改过的教学设计进行化学教学，观察员对教学全程进行详细记录，并发现问题和提出改进建议。课前，教师让学生提前查资料预习制作手工皂的原理和流程。课堂中，学生投入到肥皂制作的过程中，利用跨学科知识和一切资源查阅资料，探究制作手工皂的原理和方法，与组员共同协作完成手工皂作品。教师在课堂的主要角色是学生的引导者、帮助者和观察者，在学生遇到困难时给出一定的引导和提示，而不是直接告诉学生方法，在学生设计和制作手工皂的过程中，需要观察每一位学生的表现和学习效果，作品完成后，教师引导学生对自己小组制作的手工皂进行反思和评价交流。最后总结学生出现最多的问题，并撰写教学反思和总结。

图 10.10 行动研究案例的第二轮行动研究过程

学生自我评价

在本次行动研究中，学生对自己的表现进行评价，凭借附录 B1《学生自我评价表》进行测评，在学生自我评价中，高二 (9) 班的学生自我评价平均分如下表所示：高二(9)班89.8分。从学生们填写的自我评价表中可以看出，学生对实验的规范操作存在不足之处，而且对流程的熟悉程度也不够。因此，在教学中要对学生强调认真预习学习材料，并且教师演示规范的实验操作，加强对学生的指导，使其能操作规范，在课堂中学生实验操作的机会要增加，以培养学生的动手实践能力，在教学过程中要客观看待学生评价。

图 10.11 行动研究案例的学生自评

10.5 优势局限

行动研究法主要具有以下优势。（1）适应性和灵活性，适合于较少受过严格教育研究训练的中小学教师。此外，行动研究注重实际的教育环境及其改善，允许研究者边行动边研究，并在研究过程中不断修改或调整行动方案。（2）评价的持续性和反馈及时性，诊断性评价、形成性评价、总结性评价贯穿整个动态研究过程。（3）较强的实践性，紧密联系"教育行动"与"研究活动"，促使教育问题能在理论指导下合理解决，从而化解了长期以来"理论"与"实践"割裂的现象。

然而，行动研究法也难免存在一些局限性（刘良华，2001；杨延宁，2014；王安全等，2013）。（1）行动本身的局限性，集中体现为将参与课题研究、发表论文作为行动研究的终极目标，而忽略了行动研究真正的本质，即以解决问题为目的的一种反思性研究。（2）研究者本身的局限性，包括研究者较难客观地诊断问题、研究者缺乏系统严谨的教育科研训练、教师时间和精力投入不足、校外研究者和教师之间可能产生"合作尴尬"等。（3）行动研究法本身的局限性，行动研究成果的可重复性相对较差，且不易生成教学理论等。

要点总结

行动研究法可理解为社会情境（教育情境）的参与者为提高对所从事的社会或教育实践的理性认识，按照一定的操作程序，综合运用多种研究方法与技术，以解决问题为目的的一种反思性研究。

行动研究法按照不同的标准有不同的分类，按参与者可分为独立式、支持式和协同式三种；根据操作模式来看，行动研究的模式主要包括勒温（Lewin）模式、凯米斯（Kemmis）模式、艾略特（Elliott）模式与埃伯特（Ebbutt）模式。

关于行动研究法的特点，在研究问题上体现为问题导向性、在研究结构上体现为螺旋式上升结构、在研究者方面体现为双重身份性和强调合作性、在研究过程方面体现为强调反思性。

行动研究法的研究主体一般为一线教师或学校的管理者。对于一线教师而言，主要研究其日常教育教学行为，一般在教育教学现场进行，如研究化学史的导入是否可以有效调动学生的积极性。对学校管理者而言，主要研究其对教师或学生的管理行为，一般在学校内进行，如研究教师师徒结对能否有效促进新手教师的发展。

基于4种行动研究模式，同时考虑到化学教育研究的实际，笔者认为可通过确定问题、分析问题、制定计划、行动与评价和反思修正5个步骤实施行动研究。需要注意的是，反思修正也贯穿行动研究的全程。

行动研究法的主要优势包括适应性和灵活性、评价的持续性和反馈及时性、实践性等。然而，它也存在某些局限性，如将参与课题研究、发表论文作为行动研究的终极目标，忽略行动研究本质；研究者较难客观地诊断问题；研究者将大部分时间和精力用于教学活动，对科研和行动研究的投入严重不足；成果能否推广需慎重研究；等。

问题任务

请简述你对化学教育行动研究的理解。

请基于化学教育研究领域，举例说明分析问题与研究计划的书写通常包括哪些方面的内容？

试述你对“勒温（Lewin）的循环模式”和“凯米斯（Kemmis）的自我反思螺旋模式”二者区别的认识。

在化学教育研究实践中，你认为可通过哪些途径尽可能克服行动研究法自身的局限性？

任选一篇化学教育行动研究论文，结合理论演绎设计思路分析该论文中的设计方案，并与同伴讨论。

请在导师的指导下，同时结合你自己的研究兴趣，拟定一个研究主题，然后尝试基于理论演绎设计思路，初步完成一个行动研究的设计方案。

 **拓展阅读**

Elliot J. Action research for educational change［M］. Milton Keynes：Open University Press，1991.（理论与方法）

Mertler CA. Action research：improving schools and empowering educators Change［M］. Thousand Oaks：Sage Publication，2017.（理论与方法）

刘淑杰.教育研究方法［M］. 北京：北京大学出版社，2016.（理论与方法）

申继亮.教学反思与行动研究——教师发展之路［M］. 北京：北京师范大学出版社，2006.（理论与方法）

刘潇丹.基于"模型认知"素养发展的高中必修原子结构教学行动研究［D］. 鞍山：鞍山师范学院，2022.（行动研究法的具体应用）

王培.运用化学史开展探究教学发展学生科学本质观的行动研究［D］. 兰州：西北师范大学，2021.（行动研究法的具体应用）

第 11 章

扎根理论法

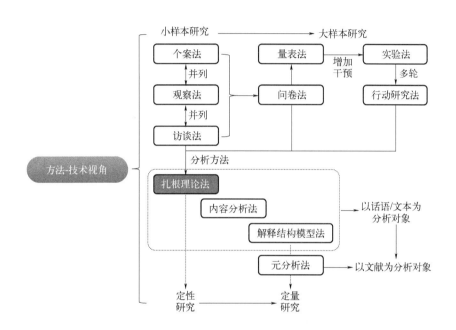

【课程思政】向下扎根，才能汲取向上生长的力量。
—— 《人民日报》

 本章导读

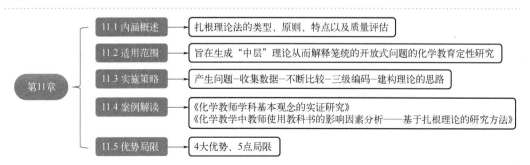

通过本章学习，你应该能够做到：

- 简述扎根理论的含义，形成"归纳数据，生成理论"的思路
- 初步认识扎根理论三大流派的基本观点
- 说出扎根理论的 5 项原则及 5 大特点
- 说出扎根理论作为完整的研究方法与作为数据分析方法的区别
- 辨识扎根理论的适用范围
- 简述扎根理论在现行国内化学教育研究的一般实施策略
- 说出扎根理论的优势与局限性
- 在化学教育定性研究中使用扎根理论

11.1　内涵概述

扎根理论（grounded theory）不仅是一种"理论"，还是一种研究方法。它通过系统收集与分析数据的研究流程，由实际的非数值型数据逐步生成理论（Strauss et al.，1998）。扎根理论诞生于 1967 年，当时美国社会学研究领域正处于定量研究危机盛行而传统的定性研究存在明显不足之际。具体来说，定量研究方面，经济大萧条的出现暴露出当时的理论对现实解释力、预测力不足的问题（吴肃然等，2020）。定性研究方面，美国不少学者基于"学术大师"的宏大理论进行逻辑演绎推理，经验数据只为验证或局部修正大师理论服务；另外，传统的定性研究一般局限于现象描述而缺乏理论提升，系统性不强，缺乏清晰的研究步骤及流程（陈向明，2015）。

扎根理论集两种研究范式之所长，在一定程度上缓解了上述问题。它属于定性研究范式，却旨在建构理论；它还具备系统的研究流程，要求研究者在没有理论预设的前提下，基于研究问题，持续比较非数值型数据（如通过访谈收集的话语数据或开放式问卷收集的文本数据）；通过系统化的编码程序，逐级归纳概念和范畴，生成初步理论；然后检验理论是否达到"饱和"（Strauss et al.，1998），最终"自下而上"地建构出扎根理论。扎根理论的一般流程见图 11.1，其在理论和经验之间搭建了桥梁，生成的理论对现实具有较强的解释能力。或由于上述特点，20 世纪末，扎根理论被引入我国，逐渐成为国内质性研究体系中发展势头最强劲的方法（吴继霞等，2019）。

然而，扎根理论是舶来品，它的部分内容可能不太符合中国的教育研究实际（详见本章11.3 节）。因此，国内现行的化学教育研究很少使用扎根理论的完整流程，而是将其视为一种非数值型数据的分析方法，借用它的编码程序，生成本土化的理论。譬如，对于研究问题"如何针对教学内容进行学科理解"（张笑言等，2020），研究者组织了 6 位专家，围绕"醛的结构与性质探究"的教学内容，进行两个月的自由研讨，然后将研讨视频转录为文字（即收集到了非数值型数据）；通过三级编码分析数据，逐步抽提专家们的共识观点（归纳概念与范畴）；最后梳理出专家对特定教学主题进行学科理解的思维过程，生成扎根理论。该研究没有严格遵循扎根理论的整套流程讨论理论检验的问题，但已能在一定程度上揭示国内专家化学

学科理解的思维过程，生成本土化理论。

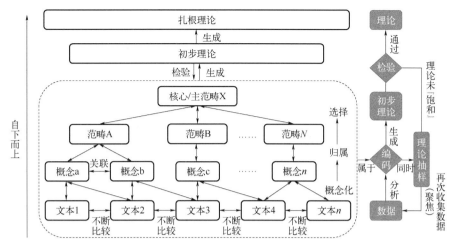

图 11.1　扎根理论研究的一般流程

11.1.1　扎根理论的类型

经过几代学者的不断探索，扎根理论法已呈现百家争鸣之势，流派之间争论不休。其中，较为经典的 3 种扎根理论流派分别为：经典扎根理论、程序型扎根理论和建构型扎根理论。

最初，经典扎根理论由 Glaser 和 Strauss 共同提出，2 位研究者对其原则和技术进行了大致说明，这些内容构成了经典扎根理论的基础。譬如"搜索的经验数据可为质性材料或量化材料""研究者不可带有预先设定的具体研究问题""在应用扎根理论研究方法时要持续撰写备忘录"等（吴肃然等，2020）。尽管 2 人已提出一套完整的研究程序，但是与定量研究的程序相比，经典扎根理论仍存在较强的不确定性，尤其在编码中容易表现出较强的个人化特征；此外，经典扎根理论的不少术语取自定量研究，但其内涵与原义大相径庭，譬如"理论抽样"源自定量研究的"抽样"，但扎根理论的"抽样"的对象、方法、目的全然不同。上述问题导致初学者通常难以上手。

因此，Strauss 与 Corbin 随后提出了编码更加系统化、程序化水平更高的程序型扎根理论。在程序型扎根理论中，编码流程新增了"维度化""条件矩阵"等工具，进一步阐明了扎根理论的分析步骤，为研究者提供更翔实的研究路径。然而，程序型扎根理论过去强调编码步骤与技术，在一定程度上降低了数据分析的深度、影响了研究者的创造力。

上述 2 种流派都强调力求客观，要求研究者持中立的观点来收集和分析数据。但随着建构主义思潮的盛行，Chanmaz 等学者开始提出：扎根理论与其他定性研究方法类似，均有主观性，研究者、被研究者会结合自身的文化背景和理论视角来形成新的理论（吴继霞等，2019）。由此建构主义扎根理论应运而生。它不过分强调具体的方法技术，而更注重研究者是如何建构一系列的假设和概念进而生成理论的。

扎根理论 3 种流派之间的共性在于：通过对数据的收集、比较与归纳，"从无到有""自下而上"地建构理论。而这 3 种流派的个性则主要体现在认识论、理论视角、数据的搜集和分析流程的区别上，如表 11.1 所示。事实上，3 种流派均有可取之处，研究者可从自身研究的需要及实际条件出发，选择合适的方法，无需照搬某个流派的研究流程。

表 11.1　扎根理论 3 种流派的异同性比较（吴毅，2016）

流派	相同点	不同点			
		认识论 （哲学基础）	理论视角	数据搜集	数据分析
Glaser 与 Strauss 的 经典版本	① 归纳性的 质化研究方法； ② 在经验数 据上建构理论；	客观主义	实证主义（强调理 论的"自然呈现"）	研究者在搜 集数据流程中 尽可能保持 中立	编码流程分为 实质性编码和理 论性编码两个主 要步骤
Strauss 与 Corbin 的 程序化版本	③ 研究结果 具有可追溯性； ④ 研究程序 具有可重复性； ⑤ 多用于中 层理论的建构； ⑥ 强调对流 程的研究（包 括社会流程与 心理流程）	客观主义	后实证主义（趋向 于建构主义，认为分 析数据的流程是研究 者的一种解释）	研究者在搜 集数据流程中 尽可能保持 中立	采用开放性编 码、主轴性编码 和选择性编码的 三级编码程序
Chanmaz 的 建构主义版本		社会建构主义	解释主义（理论是 解释性分析，是建构 的）	强调研究者 对数据提问的 能力，并与被 研究者发生互 动关系	强调灵活使 用，认为编码准 则是启发性原则 而非公式

11.1.2　扎根理论的原则

扎根理论流派虽多，但基本遵循陈向明（2000）所提的 5 个原则。

（1）强调从数据中产生理论。认为理论的形成是自下而上、对数据进行不断浓缩的流程，理论一定要以经验事实为依据，要能够追溯到原始数据之中，这样的理论才具有生命力，才能够指导人的生活实践。

（2）强调理论敏感性。无论是在数据的搜集、分析阶段还是数据的抽样阶段，研究者都要对已有理论和数据中的理论保持敏感，在浩瀚的数据、概念中寻找存在新理论的可能性。譬如，王西宇（2021）测查职前化学教师学科基本观念的某份问卷答案中含有"总结出复分解反应的发生条件"。这句话似乎仅揭示了职前教师对"反应条件"的认识，但研究者敏感地抓住了背后"寻找规律"的意图，将此句编码为"反应规律"，丰富了"变化观"理论。

（3）强调在研究中不断比较。比较是扎根理论的主要分析思路，能够提高研究者的理论触觉。具体而言，不断比较的精神贯穿于以下 4 个步骤（王海宁，2008）：①依据概念类别比较数据，将数据进行细致的编码并归于尽可能多的概念类别之中，然后比较相同和不同概念类别下的数据，找到概念类别的自身属性；②将这些概念类别进行比较，思考概念之间存在的联系；③形成初步的理论，并返回原始数据中进行验证，对理论进行进一步的优化；④陈述理论，从数据、概念类别、概念之间的关系逐步描述理论的形成流程。

（4）强调"理论抽样"。研究对象的抽样颇具特色（吴毅，2016）：①抽样的目的在于选择能生成尽量多概念或理论的经验数据（力求全面），而不像定量研究的抽样是为了数据的代表性，力求平均；②抽样的对象是概念，不是人本身；③抽样过程与数据分析连续进行，甚至会反复进行；④抽样方法多样，研究者不会在研究开始前便决定好抽样方法，而是在研究的不同阶段采用对应的抽样策略，详见本章 11.3 节。

（5）强调灵活应用文献。通常来说，为了避免在数据收集与分析前有预设理论，研究者不应该提前查阅与研究问题相关的文献（即应该在理论建构完成后再查阅文献）。然而这种观点并不能作为"金科玉律"，研究者受文献的思维束缚和提前做研究是两个概念，其关键在于研究者是否能够批判地看待文献中阐述的理论。

11.1.3　扎根理论的特点

不同流派的扎根理论之间存在着一定的差异，但综合不同类型的扎根理论（吴肃然等，2020；尹超，2016），可将其特点大致归纳如下。

（1）理论源于数据。通过逐级归纳的方式从经验中发现新的理论，而不是以"演绎—验证"的逻辑方式展开实质研究（冯生尧 & 谢瑶妮，2001）。需要说明的是，归纳法是扎根理论的主要方法而不是唯一方法，例如在理论的检验中，要通过理论回溯到原始数据之中，这便包含了演绎法。

（2）科学性（客观性）与弹性（创造性）并存。扎根理论在实施流程中遵循科学性原则。例如从数据内容中归纳出概念，再比较相同概念类别下的数据有何差异，归纳出概念类别的自身属性等。其实施步骤是程序性的、严密科学的。此外，扎根理论还具备一定的弹性。这是因为研究者编码时，会依据自身的理论触觉来寻找可能存在的新理论。同时通过备忘录的撰写，记录个人在分析数据过程中的启发和灵感，这使得扎根理论研究带有一定的创造性、经验性。

（3）数据搜集和分析并进。相比于其他研究方法采用先搜集数据再进行分析的顺序，扎根理论强调数据搜集和分析要同步进行。例如在一级编码中，如果发现原始数据归属于新的概念类别，则可以进一步搜寻原始数据填入该概念类别之中。

（4）归纳法和演绎法并用。扎根理论采取归纳法和演绎法交替使用的方式。研究者通过访谈、问卷或观察等方式搜集了大量数据，通过对数据的不断比较、归属、概念化等步骤，逐步形成初步理论，这是自下而上的归纳流程。通过对理论进行回溯，检验其实用性和解释性的流程则是自上而下的演绎流程。

（5）采用不断比较的方法。在扎根理论的数据分析流程中，不断比较法是其最基本的方法，甚至早期的扎根理论被称为"不断比较的方法"（constant comparative methods）（Edgington，1967）。扎根理论研究中具体的比较方式在上文的原则部分已有相关介绍，此处不再赘述。

11.1.4　扎根理论的质量评估

扎根理论法有一套独特的理论检验与评价标准（陈向明，2000）。从研究结果来看，只有理论达到了"饱和"状态后，才会形成最终的研究结论和建议，而理论"饱和"是指理论抽样时，新的数据已不能产生新理论的状态（卢崴诩，2015）。如何判断理论是否达到饱和？学者贾旭东等人认为，当对新的原始数据进行编码而没有新的概念、范畴或者关系出现时，则代表理论已经达到饱和（贾旭东，2010）。譬如，夏青在已有数据上再补充了新的访谈数据，通过数据分析，得到的范畴均与已有范畴相重合，因此推断该理论达到了饱和（夏青等，

2022)。

当理论达到饱和后还可以进一步对理论进行检验。扎根理论具备独特的理论检验方式（陈向明，2000），可归纳为以下4条：（1）建立的理论可以随时回溯到原始数据之中，有相应的数据内容对理论进行论证；（2）理论中的概念应具备较大的密度，内容较为丰富；（3）理论中的概念与概念之间应存在系统的联系，扎根理论研究得出的理论本身基于概念及概念间的联系，所以理论包含的各种概念之间应形成统一的整体；（4）理论具备较强的实用性和解释力，扎根理论研究得到的理论源于大量的原始数据，所以其具备一定的实用性和解释能力。

11.2 适用范围

扎根理论主要适用于旨在生成、检验或发展"中层理论"，从而解释某个笼统的开放式问题的化学教育定性研究。这里的"中层理论"指的是适用于特定时空的理论，它介于日常生活中微观的"工作假设"与无所不包的"宏大理论"之间（陈向明，2015）。一般来说，扎根理论特别适用于建构或完善本土性的理论、解释本土情境中的探索性研究问题，包括"模型有何要素""有何影响因素""思维/行动过程如何"与"行为原因为何"等。较具代表性的研究问题包括：

- 专家型教师对化学学科核心素养的理解、基于核心素养培养的教学的认识（丁小婷，2017）
- 化学学科核心素养"证据推理与模型认知"的指标（赵鑫，2021）
- 专家如何针对教学内容进行学科理解（张笑言等，2020）
- （山东）高中生化学选课意愿的影响因素（杨玉雪，2022）
- 影响教师对教科书的使用的因素（毕华林等，2013）
- （高中）学生对（某些）化学概念印象深刻的原因（胡虹，2019）

上述案例中，第1~2个问题探究的是模型要素，旨在建构或完善"化学学科核心素养"这一本土性理论；第3个问题探究的是思维过程，意在揭示专家的化学学科理解过程，完善"化学学科理解"的本土性理论；第4~6个问题则探究某些行为或现象的影响因素。此外，扎根理论的核心要素是编码（吴肃然等，2020），或因如此，目前我国化学教育领域中，研究者通常将其看作一种非数值型数据的分析方法。故使用扎根理论的情境还包括但不限于：（1）作为定性研究的一部分，用于处理个案法、深度访谈、开放问卷的数据（上述方法详见本书第4、6、7章）；（2）作为混合研究的一部分，用于量表法/开放问卷法的预研究，结合访谈数据，用扎根理论初步建构或修正量表/开放式问卷设计时所需的理论模型（问卷、量表设计方法详见本书第7、8章）。

目前，国内应用扎根理论进行的化学教育研究中，研究目的通常集中于探究影响因素与建构模型，似乎少有用于检验已有理论或探究个人思维/行为过程、人际关系等。这些化学教育研究领域的较少涉足之处，在教育学、管理学与社会学等研究领域已有尝试（张启睿等，2020；陈向明等，2021；孙晓娥，2011）。读者自身的研究问题若与检验理论、探究思维过程或人际关系相关，可以试用扎根理论法，或许有新的发现。

11.3　实施策略

扎根理论采用生成式的归纳法，从原始数据中不断比较，多轮迭代并逐步提炼核心概念与范畴；它强调理论扎根于非数值型数据，但最终建构的理论不应仅局限于其经验性（Strauss，1987）。扎根理论为质性研究提出了具体且相对标准化的研究策略和分析程序，在我国化学教育研究的实践中，它的一般流程如图 11.2 所示。值得注意的是，与西方传统的扎根理论各流派相比，此处的研究流程简化了不少。

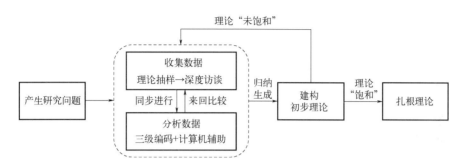

图 11.2　化学教育研究领域的扎根理论一般流程

11.3.1　产生研究问题

研究活动的开始阶段需要注意 2 个问题：（1）研究问题是如何产生的？（2）如何聚焦具体研究问题？扎根理论研究的问题是研究对象所关注的问题（而不是研究者本人所关注的问题），因此与多数研究不同，在开展研究前，一些国外研究者不会事先确定研究问题，而是根据建构理论的需要，初步收集数据，先对数据提出笼统的、整体性的疑问。随后在分析数据的过程中不断聚焦，最终基于多轮数据分析，确定具体的研究问题。而在国内，化学教育研究者通常会基于现有文献的阅读和回顾来发掘现有研究的不足而提出研究问题，再根据解释问题的需要进一步收集数据。

11.3.2　收集数据

扎根理论数据收集的方式有很多，包括观察、访谈、问卷调查等，具体操作方法详见本书第 5～7 章。但这些方式都有共同要求，即数据的客观性问题。如 Strauss 所言，数据是不会说谎的，数据是现实性的。而 Glaser 则提醒初学者，不要通过强加的问题而将数据先入为主地放入主观构想的范畴中，数据的搜集和分析不能有先入为主的立场（邓津等，2019）。

国内已有的化学教育研究大多数采用深度访谈法来收集数据。这或许是因为深度访谈法可以生成大量丰富且有深度的文本性数据，便于运用扎根理论对个体经验进行比较、辨析，从而抽象出概念、范畴，并在此基础上构建出反映现实生活的社会理论（孙晓娥，2011）。另外，深度访谈法的操作相对便捷，是直接又有效的数据收集方式。同时，扎根理论可以为深度访谈提供建构社会理论的手段和策略，并提出了分析数据的具体方法和步骤，因此对于扎根理论研究者来说，此类数据收集方式值得认真把握与运用。由于深度访谈需要详细且深入的数据，它更注重访谈的质量，而不是数量。因此，扎根理论在研究对象的选取上提出了特殊要求（即"理论抽样"）。深度访谈法很少采用统计学上的随机抽样，而是采用灵活机动的非随机抽样；而扎根理论则进一步提出"理论抽样"作为深度访谈抽样方法的补充。

具体来说，Strauss 与 Corbin 依据研究流程的不同阶段，划分了 3 种不同的理论性抽样：开放性抽样、关系性和差异性抽样以及区别性抽样。开放性抽样是指根据研究的问题，选择那些能够为研究问题提供最大涵盖度的研究对象进行访谈，这通常发生在深度访谈的开始阶段；关系性和差异性抽样是指在对第一次访谈数据进行即时整理和分析的基础上，更有针对性选择其他访谈对象，这通常发生在深度访谈的中期阶段；区别性抽样则是指随着访谈数据的增多，研究人员在不断归纳分析访谈数据的基础上建立理论假设，选择那些有助于进一步修正、完善理论的调查对象进行访谈，这通常发生在深度访谈研究的后期。虽然这 3 种抽样方法发生在深度访谈研究的不同阶段，但是根据实际研究的需要，这 3 种抽样方法也可以穿插进行，以促进理论构建。对于厘清概念、确定范畴、建构理论而言，从访谈中所获得的信息开始重复，直至不再有新的、重要的信息出现时，研究者就可以认为已经达到理论饱和，不再需要继续进行访谈了。

11.3.3 分析数据

扎根理论的数据分析主要通过"编码"来完成。编码（coding）是指将所收集或转录的文字数据加以分解、缩减，将现象概念化以及连接的过程。扎根理论的目的是"识别在文本中出现的范畴和概念，并将这些概念连接进独立存在的、正式的理论"（邓津等，2019）。扎根理论为数据的分析提供了一套普遍适用的操作程序，包括从开放编码、轴心编码到选择编码的循序渐进的流程，最后上升到理论。在进行编码时，可以逐段进行编码，也可以逐句进行编码，来发现和厘清相关的概念和范畴，具体编码流程如下。

（1）开放编码　开放编码是数据分析的第一步，是将原始数据分解、逐步进行概念化和范畴化的流程。研究者对数据编码流程保持开放性的态度，并把数据内容以及抽象出来的概念"打破""揉碎"并重新综合成范畴。概念和范畴可以是研究对象的原话，也可以是研究者赋予一定意义的单位。

（2）轴心编码　经过开放编码，原始的数据已简化为概念和范畴，而轴心编码的目的就是理清各个概念和范畴之间的相互关系，整合出更高抽象层次的范畴，并确定相关范畴的性质和维度。

（3）选择编码　在对原始数据、概念、范畴，尤其是范畴关系不断比较、连接的过程中，扎根理论分析进入选择编码阶段，其任务在于选择核心范畴和次要范畴、系统处理范畴之间的关系，并把概念化尚未发展完备的范畴补充齐整。

上述三级编码虽然在形式上体现为 3 个阶段，但在实际的分析流程中，研究者可能需要不断地在各种编码之间来回转移、比较以及连接。其操作程序及其逻辑关系如图 11.3 所示。

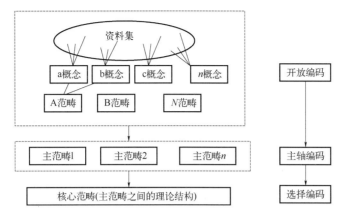

图 11.3　三级编码及其逻辑关系（李艳灵，2019）

随着计算机技术尤其是软件科学的飞速发展，对于收集到的数据，除采用人工编码外，还可选择计算机软件进行编码，其中被广泛应用的是 NVivo 软件，这是来自澳大利亚的较为流行的一款质性数据分析软件，它专门用于分析质性的语言数据。从 NVivo 等软件的功能来看，在数据分析各个方面，这些软件的确能够节省研究者大量整理数据的精力和时间，而且其机械化的操作使得数据归类的精确度更高（齐梅，2017）。国内化学教育研究领域已有相关应用，譬如竺丽英（2019）采用访谈法，以浙江省 110 名高中生为研究对象，探查这些学生在新高考科目选择时所考虑的主要影响因素，将语音转录的文本输入到 NVivo11.0 质性分析软件中，再根据扎根理论进行"自下而上"的逐级编码。

11.3.4　建构理论

在数据分析中，扎根理论的研究最终会走向建构理论的阶段。一般来说"理论"可以分为 2 种类型。(1) 实质理论，即在原始数据的基础上建立起来的、适于在特定情境中解释特定社会现象的理论。建构实质理论，通过分析编码流程中产生的概念与范畴之间的逻辑关系，找出一个能够统领所有范畴与概念的核心范畴，绘制范畴及概念间的逻辑关系图，最后利用图形、表格、假设或描述等方法呈现研究结论。(2) 形式理论，指具有普适性的宏大理论，是系统的观念体系和逻辑架构，可以用来说明、论证并预测有关社会现象规律。建构形式理论，一方面，可以进一步丰富与完善实质理论，使其超越时空限制，具有普适性；另一方面，可以将扎根理论研究成果融入现有理论体系中，使研究具有继承性。扎根理论认为知识是积累而成的，是一个不断地从事实到实质理论，然后到形式理论的演进流程。构建形式理论需要大量的数据来源，需要实质理论作为中介。例如，杨玉雪（2022）以山东高中生为调查对象，探查高中生化学选课意愿的影响因素，其建构的理论属于实质理论，并不适用所有地域。

"理论的扎根"还有待运用所有数据来验证范畴和关系，直到理论饱和为止。就个案的扎根分析而言，如果研究者发现围绕核心范畴构建的范畴体系当中某个部分存在模糊，就需要再次收集、补充有关材料，再次对三级编码分析的准确性加以检视，或者对范畴的关系加以调整。

11.4 案例解读

为了帮助读者更加清楚地感受扎根理论在研究当中的实施策略，以下将展示两个案例：(1) 笔者指导的硕士学位论文《化学教师学科基本观念的实证研究》（王西宇，2021）；(2) 毕华林（2013）在《化学教育》期刊发表的《化学教学中教师使用教科书的影响因素分析——基于扎根理论的研究方法》。

11.4.1 案例1《化学教师学科基本观念的实证研究》

首先，考虑新课程改革的需要、化学教师对学生化学基本观念形成的重要作用、化学教师的专业发展以及目前实证研究中的些许空缺，该研究致力于化学教师学科基本观念的实证研究，即化学教师学科基本观念的结构与水平研究。研究者从化学基本观念的理论研究和实证研究两个方面对文献进行梳理（见图11.4），从而确定了本文的3个独立研究，6个研究问题（见图11.5）。

第2章 文献综述......5
2.1 化学基本观念的理论研究......6
2.1.1 化学基本观念的概念内涵......6
2.1.2 化学基本观念的基本特点......9
2.1.3 化学基本观念的体系建构......11
2.1.4 化学基本观念的形成过程......17
2.1.5 对本研究的启示......20
2.2 化学基本观念的实证研究......21
2.2.1 化学基本观念的水平测查......21
2.2.2 化学基本观念的影响因素......22
2.2.3 化学基本观念的发展策略......24
2.2.4 对本研究的启示......25

图11.4 扎根理论案例1中的文献综述（硕士论文目录部分）

研究	研究问题
研究一	(1) 职前教师化学基本观念的内涵如何？ (2) 职前教师化学基本观念的理论结构如何？
研究二	(3) 研究一得出的理论结构是否可以得到数据（职前教师）的支持？ (4) 职前教师化学基本观念的水平如何？
研究三	(5) 研究一得出的理论结构是否可以得到数据（在职教师）的支持？ (6) 在职教师化学基本观念的水平如何？

图11.5 扎根理论案例1中的研究问题

由于篇幅有限，本节主要针对案例 1 中研究问题的研究设计进行阐释。为探查职前教师化学基本观念的内涵与结构，案例 1 旨在利用 NVivo 质性分析软件，对职前教师的《化学基本观念开放性问卷》非数值型数据，基于扎根理论进行自下而上的逐层编码，并结合文献分析法从理论层面建构职前化学教师学科观念的结构模型，具体流程如下。

（1）开放编码　首先，本研究采用问卷调查法，共收集到 78 名职前化学教师的数据，采用三级节点编码对收集的问卷进行逐字逐句地解读与手动编码。以职前教师 T1（T1 为教师编号）的问卷编码流程为例，建立三级节点（见图 11.6），例如，该教师问卷中出现了"对于硫酸钠而言，既可以看成钠盐，也可以看成是硫酸盐"这句话，反映了该教师头脑中对于"分类思想中标准划分问题"的思考，因此新建了一个节点"分类的标准"，依此类推。

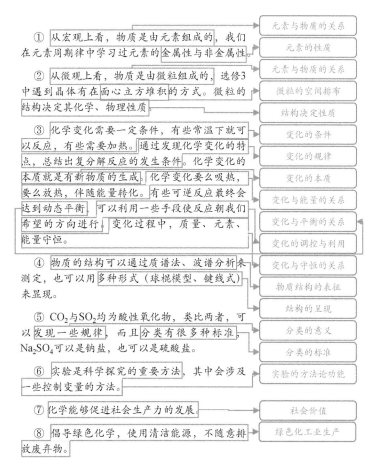

图 11.6　扎根理论案例 1 中的三级编码

接着，利用软件中的"查询"功能，对三级节点进行"词频查询"，词频的数量可以确定范畴相近的节点，以此作为二级节点编码的重要依据。词频查询结果以"词语云"方式输出，词语形状的相对大小表示节点频次的相对多少，如图 11.7 所示，词语云中出现的"变化""实验"等词频次很多，一些词汇能够高度概括范畴相近的节点，且能够较准确地提取化学基本观念，与已有文献得出的化学基本观念具有较高的一致性。

图 4-2　职前化学教师三级节点的词语云

图 11.7　利用 NVivo 输出三级节点"词语云"

（2）主轴编码　主轴编码要求对三级节点进行再次编码，合并意义相近或范畴一致的节点，建立二级节点，形成一定的类属/范畴关系。譬如，节点 13 至节点 22，均为描述化学变化的观点，因此可创立一个二级节点——"变化观"，以此类推。由图 11.8 可知，一共生成了 9 个二级节点，即 9 个化学基本观念，分别是：元素观、微粒观、变化观、结构观、分类观、实验观、社会观、绿色观、科学（化学）本质观。

表 4-2　职前化学教师二级、三级节点编码汇总

二级节点	三级节点	材料来源	参考点	二级节点	三级节点	材料来源	参考点
元素观	物质是由元素组成的 元素的定义 元素的价态 元素的性质	75	156	结构观	物质结构的表征 物质结构的呈现 物质结构与性质的关系	72	93
微粒观	物质是由微粒构成的 微粒的空间排布 微粒的相互作用 微粒的性质 微粒的种类 微粒可分可测可量 微粒是间隔的 微粒是运动的	74	239	分类观	分类的标准 分类的意义	72	101
				实验观	实验的认识论功能 实验的方法论功能 实验的教学论功能	73	104
				社会观	社会价值 社会责任感	77	175
				绿色观	绿色化工业生产 绿色化教学实验	76	87
变化观	变化的本质 变化的方向 变化的规律 变化的过程 变化的快慢 变化的条件 变化的调控与利用 变化与能量的关系 变化与平衡的关系 变化与守恒的关系	78	401	科学（化学）本质观	化学三重表征 化学知识的来源 化学知识的论证 化学知识的评价 化学知识的性质	54	114

图 11.8　扎根理论案例 1 中二级、三级节点编码汇总

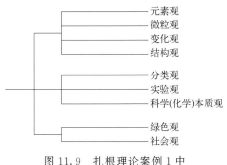

图 11.9　扎根理论案例 1 中
二级节点聚类分析图

（3）选择编码　选择编码要求对二级节点进行概括与统整，形成一级节点，以此构建节点树状网络。利用软件中的"聚类分析"将以上所有的二级节点按照"单词相似性"的方式进行聚类，聚类结果如图 11.9 所示，结果发现：微粒观、元素观、变化观、结构观为第一类；分类观、实验观、科学（化学）本质观为第二类；而绿色观与社会观则为第三类。不难发现，第一类的二级节点，均为化学学科本体知识层面的观念；第二类的二级节点大多为化学学科认识层面的观念；第三类的二级节点则为化学学科价值层面的观念。因此，建立三个一级节点，分别为"本体-知识"类观念、"认识-方法"类观念、"社会-价值"类观念。

（4）理论建构　由编码分析一共得到 9 种化学基本观念，由于受调查对象的学习背景、研究者的主观性等不可控因素，还需结合前人的已有研究成果，以此建构职前化学教师学科观念的理论结构模型。综合考虑国内外研究与化学教育实际，研究者将"结构观"直接纳入"微粒观"范畴，并剔除"科学（化学）本质观"，确定了 7 种化学基本观念：微粒观、元素观、变化观、分类观、实验观、社会观、绿色观。将 7 种基本观念分为"本体-知识"类、"认识-方法"类、"社会-价值"类三类观念，形成一个理论的"三阶"结构，具体关系见图 11.10。

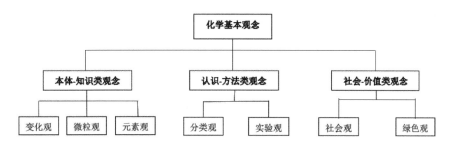

图 4-6　职前化学教师学科观念的理论结构模型

图 11.10　职前化学教师学科观念的理论结构模型

紧接着，基于三级编码以及已有文献，该研究对以上化学基本观念理论结构模型中的各观念组分内涵进行界定。另外，为探查上述职前化学教师学科观念的理论结构模型是否适用于其他同类群体或不同群体，即验证该结构的适用性与可推广性，该研究基于所得的质性研究结果，设计《化学基本观念量表》，利用探索性因子分析和高阶验证性因子分析等方法"逐阶"验证理论结构的合理性，研究结果表明上述化学基本观念的理论结构模型可以同时得到两类数据（职前教师与在职教师）的支持，由于篇幅有限，具体研究流程此处不再阐述。

11.4.2　案例 2《化学教学中教师使用教科书的影响因素分析——基于扎根理论的研究方法》

研究者毕华林等为探查化学教学中教师使用教科书的影响因素，基于扎根理论的研究方法，以 132 名化学教师为研究对象，采用开放性问卷收集数据，并利用三级编码逐级进行分析（见图 11.11），具体流程如下。

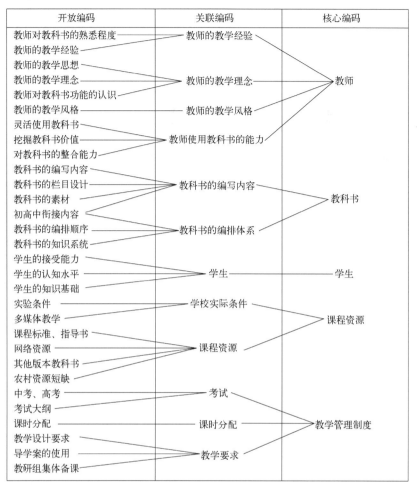

图 11.11　扎根理论案例 2 中的三级编码

（1）开放编码　首先，研究者对收集到的 93 条开放题的答案进行逐条分析，将答案中提到的有关影响教师使用教科书的各种因素提炼出来，并尽可能使用教师的原话作为概念产生的基础，共提炼出 35 个影响化学教师使用教科书的因素，例如："感觉化学教科书编写的内容有点乱，一些活动栏目不够细致，让学生无从下手"，这里将"教科书的编写内容"和"学生"作为关键词提取出来。

（2）主轴编码　接着，研究者将开放编码所产生的 35 个编码进行概括提炼，共得到 12 个主轴编码。例如：在开放编码中提取出的影响化学教师使用教科书的因素"中考""高考""考试大纲"等都属于"考试"这一范畴；"课程标准""辅导书""其他版本教科书""网络"等都可以归属于"课程资源"；等等。

（3）选择编码　最后，研究者对主轴编码所生成的概念进行系统分析，提炼出核心概念，这也是构建理论的基础。例如主轴编码中形成的"教师的教学经验""教师的教学理念""教师的教学风格""教师使用教科书的能力"均是教师自身的主观因素，用"教师"这一核心概念来概括；而"考试""课时分配""教学要求"又都可以归属于"教学管理制度"。

（4）理论建构　基于扎根理论数据分析，可以得到影响化学教师使用教科书的 5 个核心因素：教师、教科书、学生、课程资源和教学管理制度。由各因素的频次统计结果（见图 11.12）可以看出，影响教科书使用的因素更多的是来自教学管理制度和教科书方面，而学生因素较少纳入考虑。研究者还据此结果分别探讨各因素是如何影响化学教师对教科书的使用的，具体内容可查阅原文学习，此处不具体展开。

表2 影响化学教师使用教科书的核心式编码频次统计结果

影响因素	教师	教科书	学生	课程资源	教学管理制度	总计
频次	40	59	18	27	67	211
比例/%	18.96	27.96	8.53	12.80	31.75	100

图 11.12　扎根理论案例 2 中的三级编码

11.5　优势局限

扎根理论主要具有以下特点或优势（陈向明，2015；吴肃然，2020）。（1）本土性，自下而上基于经验数据提炼本土理论（而不是从国外搬运理论），或许能够获得较贴近中国教育实际的理论成果。（2）实用性，从研究方法来看，其可作为其他定性研究方法的数据分析策略（现象学除外），应用广泛；从研究意义看，从经验数据中生成的理论有"适用性"且"接地气"，注重理论是否解释现实并致力于解决问题。（3）操作性，提供一整套相对明晰、可操作的技术与步骤，适合定性研究的初学者"上手"。（4）严谨性，相比其他定性研究方法，它更强调抽样的严谨、分析流程的标准与理论检验的规范。

然而，国外的扎根理论也存在一些局限性：（1）研究问题具有开放性，通常较笼统，甚至会在研究流程中改变研究问题，不符合中国教育研究环境的要求；（2）很少讨论概念的定义和概念框架的设计等研究前期的准备问题；（3）很少讨论收集数据的技术；（4）理论质量检验方法较主观；（5）定量研究术语与定性研究范式的融合致使部分步骤的意义容易被初学者误解。

在国内，由于扎根理论常与其他研究方法混合使用，因此在实践中，上述局限的第（1）至（4）点会有所改善（即通常具有确定的问题、严谨的计划、程序化的数据收集流程以及辅以其他检验方法验证信度与效度）。但相应地，由于研究方向的确定性增强、数据收集轮次减少以及研究步骤的程序化，研究者在实践中需要警惕，避免陷入"主观臆测"和过于追求"科学""技术"的陷阱。

 要点总结

扎根理论旨在从经验数据中建立理论。它要求在不带有理论预设的前提下，基于一定的研究问题，通过对经验数据进行系统化、程序化的编码，从中归纳概念和范畴，从而建立理论。国内现行的化学教育研究倾向于将其作为一种非数值型数据分析方法，生成本土化的理论。

国外经典的三大扎根理论流派分别为：经典扎根理论、程序型扎根理论和建构型扎根理论。而笔者认为在国内开展化学教育研究时，以自己的研究目的与研究实际为导向，无须严格参照某流派的研究流程。

扎根理论的原则主要包括：强调从数据中产生理论；采用目的性抽样、理论抽样、开放性抽样相结合的策略；强调理论敏感性；强调研究流程中不断地进行比较；强调灵活应用文献。这五个原则体现了扎根理论的五个特点：逐级归纳；科学性与弹性并存；数据搜集和分析并进；归纳法和演绎法并用；采用不断比较的方法。

扎根理论主要适用于旨在生成、检验或发展"中层理论"的研究，尤其适用于建构或完善本土性的理论、解释本土情境中的探索性问题。此外，它也能作为数据分析方法，处理个案法、深度访谈、开发问卷的数据；或作为混合研究的一部分，用于量表法或开发问卷法的预研究。

在本土化学教育领域，扎根理论的实施主要是由研究问题主导，通常由深度访谈法、开放性问卷法收集数据，并通过三级编码或计算机软件辅助分析数据，最终建构及检验理论，帮助教育研究者更加清晰地认识教育问题与教育规律，进而用理论指导实践。

扎根理论的主要特点或优势包括本土性、实用性、操作性、严谨性等。然而，它也存在某些局限性，如研究问题笼统、可变；很少讨论概念界定、框架设计与数据收集等前期工作；较少讨论研究伦理问题；外推或类推能力比较有限等。在国内，由于扎根理论与其他研究方法混合使用，因此在实践中，上述局限会有所改善。但相应地，研究者在实践中需要警惕，避免陷入"主观臆测"和过于追求"科学""技术"的陷阱。

 问题任务

请用一句话简述你对扎根理论的理解。

在化学教育研究实践中，能否将扎根理论法仅作为数据分析方法？

你认为在化学教育研究领域有哪些选题可采用扎根理论方法？

请简述在化学教育研究中运用"扎根理论"构建理论的研究流程。

任选一篇基于扎根理论的化学教育研究论文，结合本章所学分析案例，与同伴就其实验方案设计与实施情况进行讨论。

请在导师的指导下，同时结合你自己的研究兴趣，拟定一个研究主题，然后尝试基于扎根理论，初步完成一个设计方案。

 拓展阅读

Strauss A, Corbin J. Basics of qualitative research: techniques and procedures for developing grounded theory[M]. 2th ed. Newbury Park, CA: Sage Publication, 1998.（理论与方法）

陈向明.扎根理论在中国教育研究中的运用探索[J]. 北京大学教育评论，2015，13(01)：2-15，188.(扎根理论的简介与在教育领域应用示例)

孙晓娥.扎根理论在深度访谈研究中的实例探析[J]. 西安交通大学学报（社会科学版），2011，31(06)：87-92.(详细介绍数据收集方法)

竺丽英，王祖浩，全微雷.高中生新高考科目选择行为的影响因素分析——基于 NVivo 的质性分析[J]. 中国考试，2019(05)：19-27.(扎根理论案例)

第 12 章

内容分析法

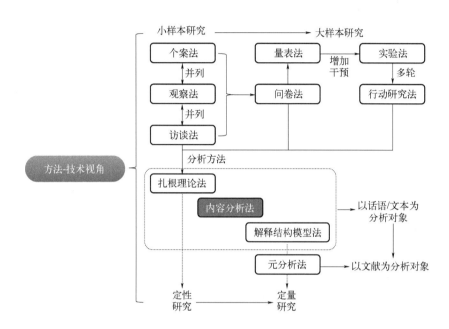

【课程思政】不明于数欲举大事，如舟之无楫而欲行于大海也。　　——管子

 本章导读

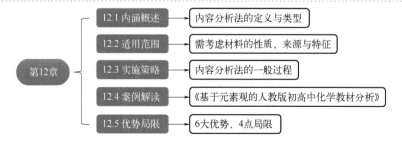

通过本章学习，你应该能够做到：

- 简述内容分析法的定义

- 列举并简要阐述内容分析法的不同类型
- 辨识内容分析法的适用范围
- 简述内容分析法的实施策略
- 说出内容分析法的优势与局限性
- 根据内容分析法的一般过程初步设计相关研究

12.1　内涵概述

内容分析法（content analysis）诞生于 20 世纪初，日益频繁的信息传播活动和不断发展的大众传媒推动了内容分析法的产生。作为一种分析大量文本内容信息的分析方法，内容分析法逐渐为研究人员所认可，并广泛应用于新闻传播、图书情报和教育学等领域。美国传播学家 Berelson（1952）最早将内容分析法定义为"一种对明确特性的传播内容进行的客观、系统和定量的描述的研究技术"；而在我国社会科学和教育学领域，学者们对其有不同的理解（见表 12.1）。

表 12.1　研究者对"内容分析法"的定义

观点	来源
内容分析是指对文献内容做客观的、系统的、量化的描述和分析，它用于考察社会人为事实。内容分析法是一种高度结构式的方法，其基本目的在于把一种用言语表示而非用数量表示的文献转换成用数量表示的资料；其结果一般可采用与调查资料相同的方式，通过包括频数或百分数的图表加以描述	（林聚任，2004）
内容分析法就是对明显的内容作客观而有系统的量化，并对量化结果加以描述的一种研究方法	（杨晓萍，2006）
内容分析法就是对教育文献直观的内容，进行客观而又系统的分析并进行量化描述的一种研究方法	（杨小微，2010）
内容分析法是指透过量化的技巧以及质的分析，以客观及系统的态度，对文件内容进行研究与分析，借以推论产生该项文件内容的环境背景及其意义的一种研究方法	（姚冬琳，2011）
内容分析法是一种对明显的传播内容进行客观、系统、定量描述的研究方法。该方法通常旨在对研究对象的本质性事实和发展趋势进行清晰地梳理和了解，以此对其中所蕴含的深层次内容进行进一步的揭示和挖掘	（李苏贵，2020）

比较表 12.1 中的有关定义可见，学者们基本上都较为关注内容分析法"客观""系统""定量"的内在特点。因此，本书将内容分析法理解为一种以定量为主、定性为辅，对研究对象进行客观、系统的分析，并对量化的结果加以描述的研究方法。

另外，内容分析法的研究对象主要是文本和数据，在开展相关研究时，研究者需要先结合不同研究对象的特点，有针对性地选用不同的内容分析法进行分析。因此，在介绍内容分析法的适用范围和实施策略之前，有必要对内容分析法进行分类。以下将依据研究者寻求的信息形式不同来介绍内容分析法的类型。

主词法是内容分析法中最简单、最常用的方法。在使用时，首先需要确定与研究问题有关的关键词（记录单位），统计这些关键词在样本（分析单位）中出现的频数和百分比并进行分析（杨小微，2010）。譬如，若想要了解化学基本观念下"元素观"的研究现状，可将"元素观"作为关键词（记录单位），抽取样本为《化学教育》期刊在 2022 年的所有文章，通过主词法计算该关键词在每篇文章出现的频数、合计频数总和，并与以"微粒观""变化观"等其他观念作为记录单位获得的结果进行对比分析，计算每种观念各自所占的百分比，可以分析得出研究者们更倾向于研究哪些观念，以及对哪些观念的关注较少。

在内容多变的样本中，研究问题与关键词往往不是一一对应的。概念组分析法是在主词法的基础上，将与研究内容有关的关键词划分成概念组，每个概念组代表 1 个概念，同时也是理论假设中的 1 个变量（杨小微，2010）。譬如，若想要分析化学基本观念下"知识类观念"的研究现状，直接以"知识类观念"为关键词通过主词法进行分析显然难以得到准确的结果。因此可以用"元素观""微粒观""变化观"这 3 个子概念定义"知识类观念"概念组，以概念组中的 3 个子概念作为关键词（记录单位），抽取样本为《化学教育》期刊在 2022 年的所有文章，统计子概念关键词出现的频数，进而计算概念组出现的频数。此处需要注意变量是概念组，即每当 1 个子概念关键词出现 1 次，就认为概念组出现了 1 次，概念组的频数相当于该概念组内子概念关键词出现的频数之和，即"知识类观念"出现的频数等于"元素观""微粒观""变化观"出现频数之和。在得出"知识类观念"的频数总和后，还可以与"方法类观念"和"情意类观念"两个概念组的频数结果进行对比分析，计算每种类别观念各自所占的百分比，可以分析得出研究者们更倾向于研究哪一类观念，以及对哪一类观念的关注较少。

上述 2 种方法的研究对象主要是文本，科学引证分析法的研究对象则指向数据。这种方法主要用于评定教育学研究者的绩效和期刊的影响。一篇文献或一份期刊被他人引证的次数越多，反映出其水平越高；被引证的范围越广，也表明其价值越大（邢志强，2001）。譬如，若要分析某研究者的学术水平，可通过数据库检索该研究者发表过的论文，统计这些论文的被引频次与引用率，若被引频次与引用率越高，则可认为其学术水平越高。

12.2　适用范围

内容分析法就其研究材料来看，其应用范围较为广泛。从研究材料的性质上看，内容分析法适用于任何形态的材料，包括文字记录形态的材料（课程标准、教科书、数据等）和非文字记录形态的材料（演讲、录音、课堂实录等）；从研究材料的来源上看，内容分析法既可以用于其他目的的许多现有材料（教科书、学生作业等），也可以用于为了某一特定研究目的而专门收集的有关材料（访谈记录、观察记录、问卷、测验等）（刘英等，2013）；从研究材料的特征上看，研究材料应具有能重复操作、被感官所体验、意义明显、能被直接理解等特征。若研究材料不具备这样的特征，包含较多潜在、深层内容则不适用内容分析法（孟庆茂，2013）。

12.3　实施策略

内容分析法作为一种"客观""系统""定量"的分析方法，其研究过程必然需要科学、

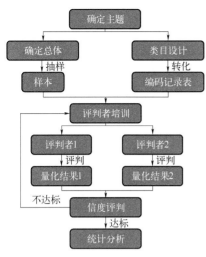

图 12.1 内容分析法的一般过程

严谨的设计和规范，研究人员需严格按照既定的研究过程进行内容分析，以保证分析结果的准确与规范。内容分析法的一般过程如图 12.1 所示。

12.3.1 研究主题确定

首先，研究者需要确定好研究主题，明确研究假设、问题或目的。确定研究主题时研究者通常要考虑该主题是否具备必要性、创造性、可行性和适当性。研究者需要思考：（1）该研究主题是否当前迫切需要解决，或是具备潜在重要价值的理论与实践问题；（2）该研究主题是否为研究领域提供新知识、新方法、新观点和新思想，是否回答了目前研究者尚未回答的问题；（3）该研究主题在操作上是否切实可行，开展研究的主观、客观条件是否具备；（4）该研究主题与研究假设、问题或目的是否相适应，逻辑能否自洽。

12.3.2 总体确定与抽样抽取

研究者在确定研究主题之后，需要根据研究假设、目的或问题确定研究总体并进行抽样。研究总体即研究数据的来源，在确定研究总体时，需考虑总体的完整性及其特殊性。前者指要包含所有相关的研究数据；而后者指要选择与研究假设相关的特定数据（孟亚玲等，2017）。抽样方式主要包括来源抽样、时段抽样和单元抽样（刘电芝，2011）。来源抽样主要指选取研究材料的来源（如期刊、书本、学生作业等）；时段抽样主要指选取研究材料的时间段（如选取某教育期刊 2022 年发表的所有文章）；单元抽样则主要指确定并选取研究材料的分析单元（如选取文章的分析单元是整篇文章、文章页面或文章段落）。在内容分析法中，分析单元是描述或解释研究对象所使用的最小、最基本单位，它可以是词、题目、体裁、段落、项目（例如书或信件）、概念、语意或以上各项的合并。

12.3.3 类目设计与编码记录

在抽样完成以后，研究者还需进行类目设计。所谓类目，即根据研究的需要将研究材料进行分类编码的项目与标准。类目的形成与确定方法主要有"自上而下"和"自下而上"两种方法，前者是依据传统的理论或以往的经验，或从某个问题已有的研究成果发展而成。而后者则是由研究者根据研究假设自行设计而成（李方，2016；张彦等，2019）。研究者运用上述方法进行类目设计时，需要遵循以下设计原则：（1）穷尽原则，类目必须能适用于所有分析材料，使所有分析单元都可以归入相应类别；（2）相斥原则，类目之间是相互排斥的，所列举出的类别不发生重叠；（3）同一性原则，所有类目都遵循同一个分类标准；（4）适中原则，类目设计过于精细会导致研究人员在编码时产生较多分歧，过于粗放会降低分级程度，最终导致在统计分析时难以发现研究对象的差异。在设计好分析类目后，即可建立编码记录表。为了得到更加合理和可靠的编码表，在初步建立好编码表后可以选取少量有代表性的样本进行信效度分析（预评判），以减少后续重复性的修正和再编码工作。

在确定好分析单元与编码记录表后，就可开展编码记录工作。为保证编码记录具备一定的评分者信度，在开展编码记录前需要先对评判者进行培训。评判者培训主要围绕两方面开展：类目设计和评判标准。研究者需要向评判者介绍内容分析的类目或框架，并结合具体案例说明评判标准。譬如，要分析某一年高考试题所考察的素养水平，那么研究者首先需要告诉评判者化学学科核心素养的维度包括哪些、每个维度不同水平的具体内涵是什么，并选出具有代表性的不同类型题目作为案例，向评判者说明如何依据题目的表述确定该试题考查的素养维度及水平。经过评判者培训后，编码记录需要由两个及两个以上评判者依据统一的评判标准，运用编码记录表对同一研究材料进行独立编码。由于内容分析结果需要进行统计分析，故在编码记录时应采取定量的记录方法，常用的方法有以下几种：（1）判断某类别是否出现；（2）记录某类别出现的频数；（3）记录某类别出现的空间位置或时间长短；（4）记录某类别在研究材料中被陈述的强度和力量。

12.3.4 验证结果的合理性与可靠性

为验证内容分析结果的合理性和可靠性，在评判者完成编码记录工作后，研究者需要对编码结果进行评分者信度分析。可通过以下三种方式衡量评分者信度：互评同意度、同意率和 SPSS 统计分析。

互评同意度的计算方法如下。

（1）计算每两位评判者之间的互评同意度 K。若有两位以上评判者，则需要将评判者两两组合，计算每个组合的互评同意度；若只有两位评判者，则只需计算这两位评判者之间的互评同意度即可。

$$K = \frac{2M}{N_1 + N_2}$$

式中，M 为两者完全相同的栏目数；N_1 为第一评判者所分析的栏目数；N_2 为第二评判者所分析的栏目数。

（2）计算所有评判者的平均互评同意度 $\overline{K}$。平均互评同意度 $\overline{K}$ 是指评判者之间相互同意的程度，等于多个互评同意度 K 的平均值。若评判者有 3 人，分别命名为 A、B、C，则

$$\overline{K} = \frac{K_{AB} + K_{AC} + K_{BC}}{3}$$

式中，K_{AB} 为评判者 A、B 之间的互评同意度，K_{AC} 和 K_{BC} 以此类推。

若开展编码记录的评判者只有 2 人，则平均互评同意度 $\overline{K}$ 即为这两位评判者之间的互评同意度。

（3）将互评同意度换算成信度。

$$R = \frac{n \times \overline{K}}{1 + (n-1) \times \overline{K}}$$

式中，R 为信度；n 为评判者总数；$\overline{K}$ 为平均互评同意度。

同意率的计算方法如下：

$$同意率 = \frac{完全相同的分析单元数}{总分析单元数}$$

SPSS 统计分析相比于互评同意度和同意率而言应用更为广泛，研究者可通过 Pearson 积差相关、Cronbach's α 系数、Spearman 相关、组内相关系数（ICC）、Kendall 和谐系数 W、Kappa 系数描述评分者信度（史润泽，2017）进行分析，具体操作方法此处不再赘述。

在得出评分者信度的相关结果后，需要对结果进行评判。若评分者信度较低，可以进行以下操作修正：（1）根据评判与计算结果修订评判标准或系统地对评判者进行培训；（2）重复评判过程，直到取得可接受的信度为止。评分者信度符合要求，方可进行后续统计分析。若评分者信度达到要求，可将主评判者的分类统计结果作为最终结果，也可以针对评判者间意见不一致的地方进行讨论并达成共识。

12.3.5 编码结果的统计分析

经过评分者信度评判后的编码结果具备一定的可靠性，这些数值型编码结果若要转化成研究发现和研究结论，需要通过统计分析揭示其隐含的内在规律。譬如，可通过频数计量法以频率、百分数、平均数等统计值说明所得的规律或问题，并将结果以图表的形式反映出来，形成分类统计表，进而得出结论。

12.4 案例解读

为了更好地理解内容分析法的一般过程，以下将以笔者指导的硕士研究生吴来泳在《化学教育》期刊发表的论文《基于元素观的人教版初高中化学教材分析》（吴来泳等，2022）为案例展开具体阐述。首先，研究者从课程标准对培养化学观念的要求切入，简要阐述了开展研究主题"基于元素观的人教版初高中化学教材分析"的原因。其次，研究者通过文献梳理，发现目前基于元素观的研究类型尚不完整，缺乏围绕元素观的教材分析。基于此，研究者明确研究目的为"分析元素观在人教版化学教材的分布情况，并建构元素观在人教版化学教材中的层级进阶"，并尝试通过该研究回答从文献中发现的问题（见图 12.2）。

> 初高中化学课程标准均强调要培养学生的化学观念，其中包括了元素观。化学观念具有层次性和进阶性的特征，要实现化学观念的逐步建构，就需要分析化学观念在教材中的进阶路径。目前已有研究者基于微粒观、变化观等观念对教材进行系统分析，而基于元素观的教材分析研究仍较为匮乏，相关研究大多镶嵌在教学设计、实证研究等其他研究中，还存在对跨学段教材的分析不足、对元素观的教材进阶体系分析不足等情况。因此，本研究致力于分析元素观在人教版化学教材的分布情况，并建构元素观在人教版化学教材中的层级进阶。

图 12.2　内容分析法案例中的研究主题和研究目的

在确定研究主题、明确研究目的后，研究者基于研究目的确定抽样来源为人教版义务教育阶段、高中必修和选择性必修阶段的教科书，确定抽样对象为 2012 年、2019 年的若干本教科书，确定抽样单位为教科书中的一句文本、一张照片或一个表格（见图 12.3）。

本研究选取人民教育出版社于2012年出版的《义务教育教科书·化学》2本教材、2019年出版的《普通高中教科书·化学》5本教材为研究对象，并将其划分为义务教育教材（包括九年级上册、九年级下册）、高中必修教材（包括必修第一册、必修第二册）、高中选择性必修教材（包括选择性必修1、选择性必修2、选择性必修3）3类……因此，本研究致力于分析元素观在人教版化学教材的分布情况，并建构元素观在人教版化学教材中的层级进阶……首先，将教材中除习题栏目外的内容作为样本范围，确定以一句文本（或一张照片、一个表格）作为最小分析单元（如"不同的元素可以组成不同的物质，同一种元素也可以组成不同的物质"为一个分析单元）。

图 12.3 内容分析法案例中的抽样

在进行抽样后，研究者同时运用"自上而下"和"自下而上"两种方法设计了分析类目（见图 12.4），最终确定元素观具体类目（见图 12.5）并建立元素观编码记录表（此处略）。

其次，建立元素观分析类目。先依据文献综述"自上而下"地初拟分析类目，再依据教材分析结果"自下而上"地优化分析类目，最后由一名化学教育领域专家进行效度检验，确认分析类目具有内容效度。最终得到的元素观分析类目如表1所示，其包含3大类型元素观，共9个元素观组分。其中6种知识型元素观和元素符号观均来源于毕华林、梁永平、辛本春等学者的研究，元素分析观和元素价值观则是基于教材分析结果新增的两个组分。

图 12.4 内容分析法案例中的类目设计过程

类型	组分	内　涵
知识型元素观	元素定义观	元素是同一类原子的总称
	元素性质观	元素的性质随原子核外电子排布呈现出周期性变化的规律，元素周期表是这一规律的具体体现形式
	元素-物质组成观	物质都是由元素组成的，元素是组成物质的基本成分，一百多种元素组成了世界上的数千万种物质
	元素-物质分类观	物质可以按元素组成进行分类
	元素-物质性质观	从组成成分的角度看，物质的化学性质首先取决于其元素组成（元素组成相似的物质，其性质相似），其次取决于元素在物质中所处的价态；物质的元素组成相同，其性质未必相同，结构是影响物质性质的另一重要因素
	元素-物质转化观	通常我们见到的物质千变万化，只是化学元素的重新组合，在化学反应中元素不变（种类不变、质量守恒）；由同种元素组成的不同物质之间可以相互转化
方法型元素观	元素符号观	每种元素都有自己特定的符号和名称；可以用化学式表示物质的元素组成
	元素分析观	通过化学实验或仪器分析方法可以对物质的元素组成进行定性与定量的分析
价值型元素观	元素价值观	某些元素在人体健康、社会生产生活、科学研究等领域中具有重要的应用价值

图 12.5 内容分析法案例中的具体类目

确定研究材料和编码记录表后，该研究通过 2 位评判者开展独立编码，并进行评分者信度的检验（见图 12.6）。

再次，进行评判编码和信度检验。以笔者为主评分员，邀约一名高校化学教学论教师作为副评分员。主评分员在一次编码后得到1152个数据，抽取其中35%的数据由副评分员对其进行独立编码。完成编码后，经计算得到评分者信度为0.94，大于标准值0.80，说明研究工具信度达标。

图 12.6　内容分析法案例中的编码过程和信度检验

在确定编码结果的可靠性后，研究者通过 SPSS 统计分析揭示了不同阶段教材中元素观组分存在显著差异（见图 12.7），并将频次、百分数等统计值以表格形式组织编码结果（见图 12.8），揭示元素观在不同阶段教材的分布规律（见图 12.9）。

经统计，元素观各组分在3个阶段教材中的频次与总百分比数据如表2所示。由表可知，3个阶段教材中元素观组分分布情况各有特点。卡方检验结果也表明，人教版不同阶段化学教材的元素观组分分布情况在统计学意义上存在显著性差异（$\chi^2 = 206.21$，$p < 0.001$）。

图 12.7　内容分析法案例的统计分析

元素观类型	元素观组分	义务教育教材频次	必修教材频次	选择性必修教材频次	合计	总百分比
知识型元素观	元素定义观	5	7	0	12	1.0%
	元素性质观	17	52	45	114	9.9%
	元素-物质组成观	43	30	6	79	6.9%
	元素-物质分类观	27	53	81	161	14.0%
	元素-物质性质观	27	38	12	77	6.7%
	元素-物质转化观	21	36	3	60	5.2%
	合计	140	216	147	503	43.6%
方法型元素观	元素符号观	96	163	320	579	50.3%
	元素分析观	4	5	22	31	2.7%
	合计	100	168	342	610	53.0%
价值型元素观	元素价值观	18	17	4	39	3.4%
	合计	18	17	4	39	3.4%
	总计	258	401	493	1152	100.0%

图 12.8　内容分析法案例对结果的表格呈现

为加强研究结果的可视性，研究者对不同类型的元素观分布规律以图片的形式呈现（见图 12.10），并基于前文的结果进行讨论，得出研究结论（见图 12.11），并由此提出改进建议（见图 12.12）。

其中，义务教育教材较为侧重元素-物质组成观、元素-物质分类观、元素-物质性质观、元素-物质转化观、元素符号观5个组分。这是由于义务教育教材包含金属、酸、碱、盐等无机物性质的内容，其承载了从元素视角研究物质的元素观任务。值得注意的是，元素符号观由于其工具性，在3个阶段教材中均有大量体现。

高中必修教材较多体现元素性质观、元素-物质组成观、元素-物质分类观、元素-物质性质观、元素-物质转化观、元素符号观6个组分。与义务教育教材类似，必修教材同样存在大量无机物内容，从元素角度研究物质的观念仍颇具认识价值。不同的是，必修教材的元素周期表、元素周期律等内容更加显化了元素性质观。

高中选择性必修教材较为侧重元素性质观、元素-物质分类观、元素符号观和元素分析观4个组分。其中，元素性质观体现在选择性必修2中原子结构与元素性质相关内容；元素-物质分类观和元素分析观则分别体现在选择性必修3中有机物的分类和元素分析内容。

图 12.9　内容分析法案例基于结果揭示规律

教材内容		观念内涵
选择性必修2	·元素周期律 ·对角线规则 ·从构造原理解释元素周期系基本结构 ·元素周期系与元素周期表 ·依据原子序数书写简化电子排布式	水平3：整个元素周期表中元素的性质随着原子核外电子在能层和能级排布的变化呈现出周期性变化的规律，具体表现为核外电子排布、化合价、金属性、非金属性、原子半径、第一电离能、电负性等的周期性变化。
必修第二册	·硅的位置决定其可作半导体材料 ·根据元素周期律解释氮元素性质 ·根据元素周期律解释硫元素性质	水平2：主族和短周期元素的性质随着原子核外电子在电子层结构排布的变化呈现出周期性变化的规律，具体表现为核外电子排布、半径、化合价、金属性、非金属性等的周期性变化。
必修第一册	·元素周期律 ·元素周期表	
九年级上册	·化合价 ·元素周期表 ·元素性质呈周期性变化 ·元素性质与原子核外电子排布有关	水平1：元素性质与原子核外电子排布有关，呈周期性变化规律，元素周期表是学习化学的工具。

图 12.10　内容分析法案例对规律的图片呈现（以元素性质观为例）

基于上述结果讨论，得出如下研究结论。

（1）人教版不同阶段化学教材中元素观组分分布情况各有特点。其中，义务教育教材和高中必修教材均较多体现从元素视角研究物质的组分（如元素-物质组成观、元素-物质分类观、元素-物质性质观、元素-物质转化观）。高中必修教材还凸显了元素性质观。选择性必修阶段教材则较多体现元素性质观、元素-物质分类观、元素分析观。此外，3个阶段教材均大量体现元素符号观。

（2）元素观各组分在人教版不同阶段化学教材中的发展均体现进阶性，基于此建构元素观各组分在人教版化学教材中的层级进阶。

图 12.11　内容分析法案例中的研究结论

基于研究结论，对促进观念建构的教学、教材编写提出以下建议。

4.1 利用元素观的层级进阶，研制元素观统摄下的教学设计。

......

4.2 熟悉元素观的教材分布，基于元素观的结构化组织复习课。

......

4.3 显化元素观的层级进阶，改进教材编写。

图 12.12　内容分析法案例中的建议

12.5　优势局限

内容分析法主要具有以下 6 点优势。（1）相对客观性，内容分析法对类目定义和操作规则有着明确和全面的规范，要求研究者根据预先设定的计划按步骤开展分析，在研究过程设计合理的前提下，不同研究者或研究者在不同时间里重复开展内容分析，一般来说都能得到相同的结论（孟庆茂，2013）。（2）流程结构化，内容分析法目标明确，对分析过程高度控制，所有参与者都要按照事先安排的研究过程程序化地完成分析操作，其结果便于量化和统计分析，可以用计算机模拟与处理相关数据。（3）非接触性，内容分析法不以人而以事物为研究对象，研究者与被研究事物之间没有互动，被研究的事物不会对研究者作出任何反应，研究者的主观态度不易干扰研究对象（杨晓萍，2006）；（4）定性与定量结合，内容分析法以定性研究为前提，能找出反映研究材料内容的一定本质的量的特征，并将其转为数值型数据，易于进行统计分析。（5）一定程度揭示文献的隐性内容，对文献使用内容分析法可以一定程度上揭示文献内容的本质、查明某研究主题的客观事实和变化趋势、追溯学术发展的轨迹、描述学术发展的历程、依据标准鉴别文献内容的优劣、衡量文献内容的可读性、分析不同时期文献体裁类型特征、揭示大众关注焦点等。（6）节省经费、操作简便，相比于调查法和实验法，内容分析法不需要大量研究人员，研究材料的收集、归类、分析也不需要特殊设备。

然而，内容分析法也存在一定的局限性。（1）解释能力较弱，内容分析法只能对表面信息作描述性的研究与分析，难以找到指向研究问题的深层次原因或内涵，解释能力弱。（2）易受已有材料约束，内容分析法的研究材料只能是研究人员可以查找到的资料，因此可能会存在资料不全面或者只找到符合研究人员价值取向的资料的情况，与此同时已有材料的真实性和获取难度也会影响研究结果。（3）前期流程较主观，虽然内容分析法的研究过程是程序性的，但在前期研究者选择分析题目、制定评价标准、定义分析类别和单元等过程仍是主观的。（4）分析工作所需时间较长、工作量较大，内容分析法需要以固定的程序处理大量文本或数据，过程较费时费力、枯燥乏味，要求研究者耐心、仔细地完成长时间阅读、评判、记录与计算（董艳，2020）。

内容分析法是以定量为主、定性为辅，对研究对象中的直观内容进行客观、系统的分析，并对量化的结果加以描述的研究方法，具有"客观""系统""定量"的内在特点。

根据研究者寻求信息形式的不同，内容分析法主要包括主词法、概念组分析法和科学引证分析法。其中主词法和概念组分析法的记录单位都是关键词，研究对象都是文本，但两者的变量不同；而科学引证分析法则是以引证的数据作为研究对象，用于分析某文献、某期刊的学术价值或某位研究者的学术水平。

内容分析法的应用范围较广泛。从研究材料的性质上看，内容分析法适用于任何形态的材料；从研究材料的来源上看，内容分析法既可以用于其他目的的许多现有材料，也可以用于为了某一特定研究目的而专门收集的有关材料；从研究材料的特征上看，研究材料应具有能重复操作、被人的感官所体验、意义明显、可以直接理解等特征。

内容分析法的实施首先需要确定研究主题，明确研究假设、问题或目的，接着根据假设、问题或目的确定总体并进行抽样。在抽样的同时，研究者还需要进行类目设计。接着，研究者需要对两位或两位以上的评判者进行培训，并由这几位评判者进行独立编码。在评判者完成编码记录工作后，研究者需要对编码结果进行评分者信度分析。若评分者信度达到要求，即可进行后续统计分析。

内容分析法的主要优势包括相对客观性、结构化研究、非接触性、定性与定量相结合、一定程度揭示文献的隐性内容。然而，它也存在某些局限性，例如只适合研究显性内容，对深层次原因或内涵的解释力弱；受限于已有材料，可能存在资料不全面或者只找到符合研究人员价值取向的资料的情况；前期工作存在一定主观性；分析工作所需时间较长、工作量较大。

问题任务

请简述你对内容分析法的理解。

请查阅相关文献，从其他角度阐述内容分析法的分类，并说明分类的依据，与同伴交流讨论不同观点。

试述你对内容分析法适用范围的认识，并举例说明化学教育研究领域哪些选题适合运用内容分析法。

你认为可通过哪些途径尽可能克服内容分析法的局限性？

任选一篇化学教育研究领域中有关内容分析法的研究论文，并结合本章"实施策略"部分分析该论文中的设计方案，并与同伴讨论。

在导师的指导下，同时结合你自己的研究兴趣，拟定一个研究主题，然后尝试运用内容分析法的实施策略，初步设计一个研究方案。

**拓展阅读**

Krippendorff K. Content analysis：an introduction to its methodology［M］. 3th ed. Thousand Oaks：Sage Publication，2012.（理论与方法）

卜卫.试论内容分析方法[J]. 国际新闻界，1997(04)：56-60，69.（传播学视角下的内容分析法）

邱均平，邹菲.关于内容分析法的研究[J]. 中国图书馆学报，2004(02)：14-19.（内容分析法的发展历程）

朱亮，孟宪学.文献计量法与内容分析法比较研究[J]. 图书馆工作与研究，2013，208(06)：64-66.（文献计量法与内容分析法的比较）

吴来泳，邓峰.基于元素观的人教版初高中化学教材分析[J]. 化学教学，2022(12)：9-16.（内容分析法的具体应用）

林颖，邓峰，胡润泽，等.国内外近30年"电化学"主题概念测查研究进展[J]. 化学教育（中英文），2022，43(07)：109-115.（内容分析法的具体应用）

第 13 章

解释结构模型法

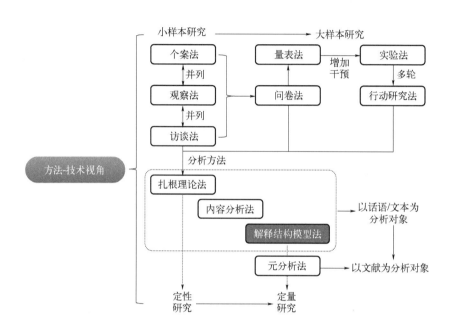

【课程思政】概念比事实更有力量。
——吉尔曼

 本章导读

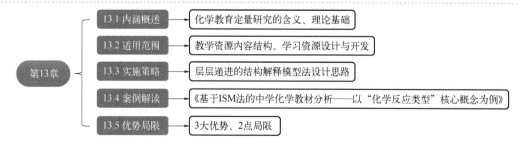

通过本章学习，你应该能够做到：

• 简述结构解释模型法的含义

- 理解并掌握结构解释模型法的理论基础
- 辨识结构解释模型法的适用范围
- 简述结构解释模型法的实施策略
- 叙述结构解释模型法的优势与局限性
- 根据结构解释模型法绘制出特定主题的层级有向图

13.1 内涵概述

结构解释模型（interpretive structural modeling，ISM）法最初是由美国 John Warfield 教授提出的一种用于分析复杂社会经济系统问题的方法，广泛运用于逻辑性较强的学科，如数学、物理、化学等。1978 年，日本的佐藤隆博教授证明该方法可适用于目标分析与教材开发。此后，结构解释模型法广泛应用于教材分析领域，借助离散数学的图形理论并通过矩阵运算的方式，呈现复杂要素间的关联结构，并绘制出概念要素的有向结构层级图（皇甫倩，2013）。有向结构层级图包含了概念要素和要素间的逻辑关系，同时将教材内容的基本结构与学生的认知结构建立起紧密联系。譬如，在研究对象上，从单一教材分析拓展到不同时期相同版本教材、同一时期不同版本教材以及国内外教材比较研究。它能呈现教材知识结构的层级性、序列性，将零散的要素统筹起来，客观反映要素间的内在联系，既有利于教师直观感受教材编排的结构和逻辑顺序，又有助于学生梳理和把握知识间的内在联系，完美契合了教学内容结构化的发展需求，有利于对知识进行本源性、结构化认识，促进素养为本的教学的真正落地。

结构解释模型法也得到了结构主义教学理论和有意义学习理论的支持。布鲁纳在皮亚杰结构主义心理学的基本观点上，发展了学科结构的概念。布鲁纳在《教育过程》一文中提到："无论我们选教什么学科，务必使学生理解该学科的基本结构。这是在运用知识方面的最低要求，它有助于解决学生在课外所遇到的问题"。他认为每一门学科中都是存在结构的，学科中的概念、规律、定理等依据一定的逻辑顺序组成整体的网络结构，并不是相互独立、欠缺联系的。因此教师在实际教学过程中不应该孤立地解读知识要素，而是要尽可能做到建立起科学性的联系，例如重新组织、加工、建构零散的知识要素，形成路径明晰的知识网络，显化知识要素间的内在逻辑关系。由此可见，结构主义教学理论肯定了教材中的知识具有层级结构，为结构解释模型法的可行性提供了有效的支持。因而，知识存在层级结构是结构解释模型法分析教材的先决条件。

奥苏贝尔提出有意义学习的实质是指符号所代表的新知识与学习者认知结构中已有的适当观念建立实质性的、非人为的联系。奥苏贝尔的有意义学习理论与布鲁纳"发现学习"不同，他认为学生是否能够学习到新的知识，主要取决于学生的认知结构中是否已经存在相关的观念，这些已有的观念是指当时学生能够回想起的事实、定理、概念、定律等内容，当新知识与学生原有的认知结构中的知识相互作用时，就会使新旧知识相互同化，也就形成了有意义学习（刘丽娟，2009）。通过结构解释模型法可以将每个知识单元进行一层一层地细化，搭建新旧知识之间的桥梁，实现有序化、层次化的学习。因此，有意义学习理论为结构解释模型法提供了有效的实践指南。

13.2 适用范围

结构解释模型法应用十分广泛，能用于分析国际性问题（如能源问题）、地区经济开发、企业甚至个人范围的问题。结构解释模型不仅能揭示系统结构，而且在分析教学资源内容结构、进行学习资源设计与开发研究和教学过程模式的探索等方面具有十分重要的作用，同时也是教育技术学研究中的一种专门研究方法。除此之外，结构解释模型法也多用于教材的横纵向比较和具体主题内容的分析，它能呈现教材知识结构的层级性、序列性，有利于教师教学逻辑性和学生综合思维的培养。较具代表性的研究主题包括：

- 不同类型教师教学内容设计生成特点的比较研究
- 基于核心素养的教科书语言与课程标准的一致性分析
- 基于 ISM 法对新旧人教版必修化学教材内容进行比较
- 基于 ISM 法的"化学物质及其变化"分析及教学建议
- 基于 ISM 分析法的高中有机化学"先行组织者"体系的构建
- 围绕离子反应主题，探究 ISM 在高中化学教材分析中的应用

需要注意的是，化学教育研究者在使用结构解释模型法时，需要对研究目的和教材内容有十分清晰的认识，同时要预先制定内容分析的标准，在整体研究的实施过程中严格执行统一的标准，不可随意变更，以期在最大程度上减少主观因素的影响。另外，化学研究者需要掌握结构解释模型法的实施策略，从而对研究起到事半功倍的作用。

13.3 实施策略

结构解释模型法的目标在于分析系统中各要素之间复杂、零乱的关系，通过结构模型构建的科学方法，整理成清晰的、多级递进的结构形式。上述结构解释模型法的研究设计思路如图 13.1 所示。

首先，化学教育研究者需要分析化学教材，将选定主题中的化学基本概念作为要素抽取出来。抽提概念要素是利用结构解释模型法分析教材的基础，其过程往往会受到研究者主观因素的影

图 13.1 结构解释模型法的研究设计思路

响，所以需要仔细研读教材以及初、高中化学课程标准，明确抽提概念要素的标准。抽提结果要基于多轮小组讨论，并根据专家意见进行修改与完善。除此之外，还需要邀请其他化学教育研究者根据研究中确定的抽提标准对概念要素进行独立编码分析，建立良好的互评者间信度，来说明编码结果的可靠性。

其次，研究者需要梳理出已抽提概念要素之间的关系。如果个体在学习概念要素 A 之前必须掌握概念要素 B，则可以说明概念要素 B 是概念要素 A 的先行要素，概念要素 A 是概念

要素 B 的可达要素。概念要素之间关系的最终确定既来自对教材中关于概念的文本描述分析，也包括对概念之间内容逻辑的关系分析。厘清概念要素关系后，结合双向形成表规则，即将概念要素分别在表格的横纵轴按照相同的顺序罗列出来，若纵轴上的概念要素是横轴上的概念要素的先行要素，则需要在相应的交点处标记"1"，若不是则在相应的交点处标记"0"，从而绘制出第一轮目标矩阵图。

随后，研究者对第一轮目标矩阵图进行分析。如果概念要素 A 所在列没有出现"1"，则表示概念要素 A 没有先行要素，可知它处于目标层次结构的最底层。再将概念要素 A 所在行上的"1"全部删去，由此可以得到第二轮目标矩阵图。按照上述相同的方法可依次提取每一层级的概念要素，直至目标矩阵里的所有数据为"0"。基于上述目标矩阵图的分析，可得到全部概念要素的层级分布关系，最终根据各概念要素逻辑关系和层级分布情况，绘制出层级有向图。

13.4 案例解读

为了更好地理解 ISM 法，以下将以笔者与研究生共同署名发表的期刊论文《基于 ISM 法的中学化学教材分析——以"化学反应类型"核心概念为例》为案例（邓峰等，2023），展开具体性介绍。首先，研究者根据研究主题确定了所参考的教材范围（见图 13.2），为了保证与强化主题的聚焦性以及减少主观因素的影响，明确了具体的抽提概念要素标准（见图 13.3）。基于抽提标准、小组多轮讨论以及专家建议，最终确定了 20 种初高中阶段主要学习的化学反应类型（见图 13.4）以及其他概念要素（见图 13.5），并基于化学教学法专家的建议，对某些概念要素进行了处理（见图 13.6）。经过上述步骤，最终对确定的概念要素进行编码（见图 13.7）。为确保研究的信度，另外邀请 3 名化学教育研究生基于上述概念抽提和划分标准进行独立编码分析，建立互评者间信度（见图 13.8）。

本次研究的主题是贯穿初高中阶段的"化学反应类型"，选取的教材分别是人教版九年级化学上、下册（2012 年版），人教版必修第一、二册（2019 年版），人教版选择性必修一、二、三（2019 年版），鲁科版必修第一、二册（2019 年版）以及鲁科版选择性必修一、二、三（2019 年版）。

图 13.2　研究案例中选取教材范围

概念要素的具体选择标准包括：（1）教材给出的具体定义中的概念；（2）与教材给出的化学反应类型例子直接联系的概念；（3）教材中与已抽提概念直接联系的先行概念；（4）结合具体学习内容展开的过程进行分析，如初中教材中虽未明确给出"放热反应"与"吸热反应"的定义，但结合教材中"化学反应中的能量变化"学习内容，可抽提这两个概念进行分析。

图 13.3　研究案例中抽提概念要素的标准

研读上述教材以及初、高中化学课程标准，基于多轮小组讨论，再根据专家意见进行修改与完善，最终确定了20种初高中阶段主要学习的化学反应类型，分别是化合反应、分解反应、置换反应、复分解反应、中和反应、正反应、逆反应、可逆反应、离子反应、氧化反应、还原反应、取代反应、加成反应、消去反应、酯化反应、聚合反应、水解反应、吸热反应、放热反应、自发反应。因为吸热反应、放热反应、氧化反应和还原反应在不同的学段有着不同的学习要求，所以依据不同阶段的学习任务，将其细分为吸热反应（定性）、放热反应（定性）、吸热反应（定量）、放热反应（定量）、氧化反应（元素）、还原反应（元素）、氧化反应（有机）、还原反应（有机）、氧化反应（电能）、还原反应（电能）。

图 13.4　研究案例中确定的化学反应类型

根据概念要素的选择标准，再次抽提出其他要素，分别是化合物、单质、酸、碱、盐、醇、酯、反应物、生成物、物质状态、物质种数、物质分子量、卤素原子、碳碳双键、碳碳三键、羟基、羧基、原子、分子、电子、离子、官能团、化学键的断裂和形成、化学键的极性、化学键的饱和性、化学能、热能。以离子反应为例，人教版定义为"离子之间的反应"，依据上述标准可抽提出的概念要素为"离子"，为了避免知识点的冗杂，优化结果的层次感，本研究将"离子"进一步定义为"微粒"，所以抽提的概念要素最终确定为"微粒"。

图 13.5　研究案例中抽提的其他概念要素

如上述所示，并基于两名化学教学法专家的建议，对某些概念要素进行了以下处理。（1）将同一尺度的概念进行统称，如将"化合物/单质"与"酸/碱/盐""醇/羧酸/酯""反应物/生成物"纳入物质类别范畴，都统称为"物质类别"；"卤素原子/碳碳双键/碳碳三键/羟基/羧基"统称为"官能团"；"原子/分子/电子/离子/官能团"统称为"微粒"；"化学能/热量"统称为"能量"。（2）依据概念的共性进行高度概括，"物质状态/物质种数/物质类别/物质分子量"统称为"物质"；"化学键的断裂和形成/化学键的极性/化学键的饱和性"统称为"化学键"。

图 13.6　研究案例中对概念要素的处理

编码	概念要素	编码	概念要素
S1	物质	S17	聚合反应
S2	化合反应	S18	氧化反应（有机）
S3	分解反应	S19	还原反应（有机）
S4	置换反应	S20	能量（微观）
S5	复分解反应	S21	吸热反应（定量）
S6	中和反应	S22	放热反应（定量）
S7	微粒	S23	氧化反应（电能）
S8	离子反应	S24	还原反应（电能）
S9	元素	S25	可逆反应
S10	氧化反应（元素）	S26	水解反应
S11	还原反应（元素）	S27	正反应
S12	化学键	S28	逆反应
S13	取代反应	S29	自发反应
S14	加成反应	S30	吸热反应（定性）
S15	消去反应	S31	放热反应（定性）
S16	酯化反应	S32	能量（宏观）

图 13.7　研究案例中概念要素与对应编码

经过上述步骤，最终对确定的概念要素进行编码。为确保研究的信度，另外邀请三名化学教育类研究生基于上述概念抽提和划分标准进行独立编码分析，互评信度达91%，说明编码结果较为可靠。

图 13.8　研究案例中互评者间信度

其次，笔者厘清概念要素间的关系，整理出概念要素的对应逻辑关系（见图13.9），并基于上述关系分析以及结合双向形成表规则，即概念要素，分别在表格的横纵轴按照相同的顺序罗列出来，若纵轴上的概念要素是横轴上的概念要素的先行要素，则需要在相应的交点处标记"1"，若不是则在相应的交点处标记"0"，绘制出第一轮目标矩阵图（见图13.10）。

概念要素	对应的先行要素
S_1 物质	无
S_2 化合反应	S_1 物质
S_3 分解反应	S_1 物质
S_4 置换反应	S_1 物质
S_5 复分解反应	S_1 物质
S_6 中和反应	S_1 物质
S_7 微粒	S_1 物质
S_8 离子反应	S_7 微粒
S_9 元素	S_7 微粒
S_{10} 氧化反应（元素）	S_1 物质、S_7 微粒、S_9 元素
S_{11} 还原反应（元素）	S_1 物质、S_7 微粒、S_9 元素
S_{12} 化学键	S_7 微粒、S_9 元素
S_{13} 取代反应	S_1 物质、S_7 微粒、S_{12} 化学键
S_{14} 加成反应	S_1 物质、S_7 微粒、S_{12} 化学键
S_{15} 消去反应	S_1 物质、S_7 微粒、S_{12} 化学键
S_{16} 酯化反应	S_1 物质、S_7 微粒、S_{12} 化学键
S_{17} 聚合反应	S_1 物质、S_7 微粒、S_{12} 化学键
S_{18} 氧化反应（有机）	S_7 微粒、S_{12} 化学键
S_{19} 还原反应（有机）	S_7 微粒、S_{12} 化学键
S_{20} 能量（微观）	S_1 物质、S_{12} 化学键
S_{21} 吸热反应（定量）	S_{12} 化学键、S_{20} 能量（微观）
S_{22} 放热反应（定量）	S_{12} 化学键、S_{20} 能量（微观）
S_{23} 氧化反应（电能）	S_{20} 能量（微观）
S_{24} 还原反应（电能）	S_{20} 能量（微观）
S_{25} 可逆反应	S_1 物质、S_{27} 正反应、S_{28} 逆反应
S_{26} 水解反应	S_1 物质、S_7 微粒、S_{12} 化学键
S_{27} 正反应	S_1 物质
S_{28} 逆反应	S_1 物质
S_{29} 自发反应	S_1 物质、S_{20} 能量（微观）
S_{30} 吸热反应（定性）	S_1 物质、S_{32} 能量（宏观）
S_{31} 放热反应（定性）	S_1 物质、S_{32} 能量（宏观）
S_{32} 能量（宏观）	S_1 物质

图 13.9　研究案例中概念要素的对应关系

	S₁	S₂	S₃	S₄	S₅	S₆	S₇	S₈	S₉	S₁₀	S₁₁	S₁₂	S₁₃	S₁₄	S₁₅	S₁₆	S₁₇	S₁₈	S₁₉	...
S₁	0	1	1	1	1	1	1	0	0	1	1	0	1	1	1	1	1	0	0	
S₂	0	0	0	0	0	0	0	0	0	0	0	0	0	0	0	0	0	0	0	
S₃	0	0	0	0	0	0	0	0	0	0	0	0	0	0	0	0	0	0	0	
S₄	0	0	0	0	0	0	0	0	0	0	0	0	0	0	0	0	0	0	0	
S₅	0	0	0	0	0	0	0	0	0	0	0	0	0	0	0	0	0	0	0	
S₆	0	0	0	0	0	0	0	0	0	0	0	0	0	0	0	0	0	0	0	
S₇	0	0	0	0	0	0	0	1	1	1	1	1	1	1	1	1	1	1	1	
S₈	0	0	0	0	0	0	0	0	0	0	0	0	0	0	0	0	0	0	0	
S₉	0	0	0	0	0	0	0	0	0	0	1	1	1	0	0	0	0	0	0	
S₁₀	0	0	0	0	0	0	0	0	0	0	0	0	0	0	0	0	0	0	0	
S₁₁	0	0	0	0	0	0	0	0	0	0	0	0	0	0	0	0	0	0	0	
S₁₂	0	0	0	0	0	0	0	0	0	0	0	0	1	1	1	1	1	1	1	
S₁₃	0	0	0	0	0	0	0	0	0	0	0	0	0	0	0	0	0	0	0	
S₁₄	0	0	0	0	0	0	0	0	0	0	0	0	0	0	0	0	0	0	0	
S₁₅	0	0	0	0	0	0	0	0	0	0	0	0	0	0	0	0	0	0	0	
S₁₆	0	0	0	0	0	0	0	0	0	0	0	0	0	0	0	0	0	0	0	
S₁₇	0	0	0	0	0	0	0	0	0	0	0	0	0	0	0	0	0	0	0	
S₁₈	0	0	0	0	0	0	0	0	0	0	0	0	0	0	0	0	0	0	0	
S₁₉	0	0	0	0	0	0	0	0	0	0	0	0	0	0	0	0	0	0	0	
...																				
S₃₂	0	0	0	0	0	0	0	0	0	0	0	0	0	0	0	0	0	0	0	

图 13.10　研究案例中第一轮目标矩阵

最后，笔者对第一轮目标矩阵图进行分析处理，概念要素 S1 所在的列中没有出现 "1"，则表示 S1 没有先行要素，所以它处于目标层次结构的最底层。将 S1 所在行上的 "1" 全部删去，绘制出第二轮目标矩阵图（见图 13.11）。按照上述相同的方法依次提取每一层级的概念要素，直至目标矩阵里的所有数据为 "0"。基于上述操作，可得到 "化学反应类型" 的层级分布关系（见图 13.12）。同时根据各概念要素关系和层级分布情况，绘制出 "化学反应类型" 的层级有向图，箭头末端概念要素为箭头指向概念要素的先行要素（见图 13.13）。

13.5　优势局限

结构解释模型法主要具有以下优势：（1）教师可以依据层级有向图设计教学评价工具，测量学生对特定主题内容的认识水平，包括内隐性的知识结构化和认识思路结构化水平，真正落实化学核心素养的可操作化测评；（2）教师可以依据层级有向图确定学生的前后发展阶段，并基于此分析学生的已有基础和发展需求，更加清晰地掌握学生从初中到高中各个学段围绕特定主题核心概念的阶段性发展，甚至是认识视角的进阶变化；（3）利用有向层级结构图梳理内容，凸显化学学习的系统性思维，发展结构化、本原性的概念体系，更有效、科学地组织教学活动。

然而，结构解释模型法也存在一些局限性：（1）存在个体主观性的影响，系统各要素之间的关系在一定程度上依赖于人们的经验，客观性不足；（2）操作步骤较为复杂，处理数据的工作量大，需要缜密的逻辑思维和较高的专注力。

	S_1	S_2	S_3	S_4	S_5	S_6	S_7	S_8	S_9	S_{10}	S_{11}	S_{12}	S_{13}	S_{14}	S_{15}	S_{16}	S_{17}	S_{18}	S_{19}	...	S_{32}
S_1	0	0	0	0	0	0	0	0	0	0	0	0	0	0	0	0	0	0	0		0
S_2	0	0	0	0	0	0	0	0	0	0	0	0	0	0	0	0	0	0	0		0
S_3	0	0	0	0	0	0	0	0	0	0	0	0	0	0	0	0	0	0	0		0
S_4	0	0	0	0	0	0	0	0	0	0	0	0	0	0	0	0	0	0	0		0
S_5	0	0	0	0	0	0	0	0	0	0	0	0	0	0	0	0	0	0	0		0
S_6	0	0	0	0	0	0	0	0	0	0	0	0	0	0	0	0	0	0	0		0
S_7	0	0	0	0	0	0	0	1	1	1	1	1	1	1	1	1	1	1	1		0
S_8	0	0	0	0	0	0	0	0	0	0	0	0	0	0	0	0	0	0	0		0
S_9	0	0	0	0	0	0	0	0	0	1	1	1	0	0	0	0	0	0	0		0
S_{10}	0	0	0	0	0	0	0	0	0	0	0	0	0	0	0	0	0	0	0		0
S_{11}	0	0	0	0	0	0	0	0	0	0	0	0	0	0	0	0	0	0	0		0
S_{12}	0	0	0	0	0	0	0	0	0	0	0	0	1	1	1	1	1	1	1		0
S_{13}	0	0	0	0	0	0	0	0	0	0	0	0	0	0	0	0	0	0	0		0
S_{14}	0	0	0	0	0	0	0	0	0	0	0	0	0	0	0	0	0	0	0		0
S_{15}	0	0	0	0	0	0	0	0	0	0	0	0	0	0	0	0	0	0	0		0
S_{16}	0	0	0	0	0	0	0	0	0	0	0	0	0	0	0	0	0	0	0		0
S_{17}	0	0	0	0	0	0	0	0	0	0	0	0	0	0	0	0	0	0	0		0
S_{18}	0	0	0	0	0	0	0	0	0	0	0	0	0	0	0	0	0	0	0		0
S_{19}	0	0	0	0	0	0	0	0	0	0	0	0	0	0	0	0	0	0	0		0
...																					0
S_{32}	0	0	0	0	0	0	0	0	0	0	0	0	0	0	0	0	0	0	0		0

图 13.11　研究案例中第二轮目标矩阵

层级	相应的概念要素序号
1	S_1
2	S_2、S_3、S_4、S_5、S_6、S_7、S_{27}、S_{28}、S_{32}
3	S_8、S_9、S_{25}、S_{30}、S_{31}
4	S_{10}、S_{11}、S_{12}
5	S_{13}、S_{14}、S_{15}、S_{16}、S_{17}、S_{18}、S_{19}、S_{20}、S_{26}
6	S_{21}、S_{22}、S_{23}、S_{24}、S_{29}

图 13.12　研究案例中层级分布关系

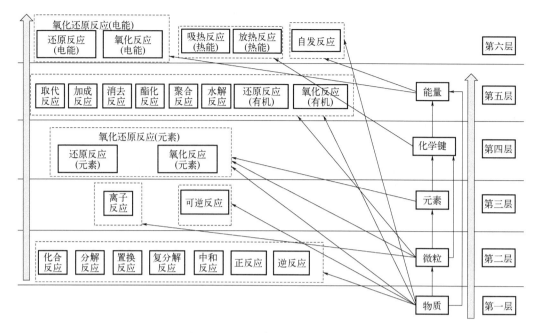

图 13.13　研究案例中层级有向图

 要点总结

结构解释模型法的简称是 ISM 分析法，最初是由美国 John Warfield 教授提出的一种用于分析复杂社会经济系统问题的方法。结构解释模型法借助离散数学的图形理论并采取矩阵运算的方式，呈现复杂要素间的关联结构，绘制出概念要素的有向结构层级图。ISM 法克服了在教材分析过程中过度主观化的弊端，将纷繁复杂的知识有序整合起来，构建起有向的知识间层级图，为定量分析教材提供了理论依据和科学的操作方法。

结构解释模型法的理论基础可划分为教与学两个方面，具体为结构主义教学理论和有意义学习理论。结构主义教学理论肯定了教材中的知识具有层级结构，为结构解释模型法的可行性提供了有效的支持，同时有意义学习理论为结构解释模型法提供了有效的实践指南。

结构解释模型法不仅适用于能源问题等国际性问题，还适用于地区经济开发、企业甚至个人范围的问题等。在教育研究领域，尤其是分析教学资源内容结构和进行学习资源设计与开发研究、教学过程模式的探索等方面具有十分重要的作用，它也是教育技术学研究中的一种专门研究方法。除此之外，结构解释模型法也多用于教材的横纵向比较和具体主题内容的分析。

结构解释模型法可分为层层递进的三个步骤：（1）分析化学教材、抽提概念要素（选定分析教材、明确抽提概念要素的标准、多轮小组讨论、听取专家修改建议）；（2）厘清要素关系、建立目标矩阵（双向形成表的规则、绘制多轮目标矩阵）；（3）确定概念层级、绘制层级关系（概念要素关系、层级分布情况）。

结构解释模型法具备三大优势：（1）能依据层级有向图设计教学评价工具，测量学生对特定主题内容的认识水平；（2）能基于层级关系分析学生的已有基础和发展需求；（3）能梳理教材内容，凸显化学学习的系统性思维，发展结构化、本原性的概念体系。同时结构解释模型法具备两大局限性，分别是存在个体主观性的影响以及操作步骤较为复杂、处理数据的工作量大。

 问题任务

请描述你对结构解释模型法的理解，并查阅相关资料梳理其发展历程。

请举例说明结构解释模型法在化学教育中适用的研究方向。

请具体描述结构解释模型法的实施策略。

在结构解释模型法的应用中，你认为可通过哪些途径尽可能克服研究者主观性的影响？

任选一篇化学教育领域有关结构解释模型法的研究论文，分析该论文中的实施步骤，并与同伴讨论。

请在导师的指导下，同时结合你自己的研究兴趣，拟定一个研究主题，然后尝试基于层层递进的研究思路，初步完成一个结构解释模型法的设计方案。

 拓展阅读

王雪丽.基于 ISM 法的高中物理教材结构的比较分析——以人教版和鲁科版高中物理（必修 3）为例[D]. 济南：山东师范大学，2022.（理论与方法）

刘丽娟.奥苏贝尔有意义学习理论及对当今教学的启示[J]. 南方论刊，2009(05)：100-101.（理论与方法）

皇甫倩，王后雄.基于结构解释模型的高中化学教材分析[J]. 化学教学，2013(02)：8-10.（结构解释模型法的具体应用）

张凡，王慧，韩银凤.基于 ISM 法的"化学物质及其变化"分析及教学建议[J]. 中学化学教学参考，2017(22)：19-21.（结构解释模型法的具体应用）

石凌远，郑子山，喻彬.基于 ISM 法分析化学平衡[J]. 闽南师范大学学报（自然科学版），2016，29(03)：103-107.（结构解释模型法的具体应用）

第 14 章

元分析法

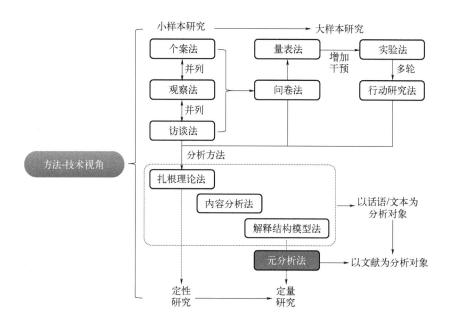

【课程思政】If I have seen further it is by standing on ye shoulder of giants.

——艾萨克·牛顿

 本章导读

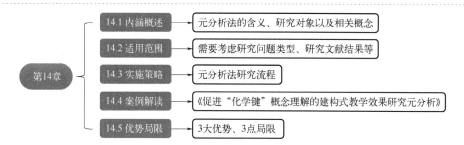

通过本章学习，你应该能够做到：

- 简述元分析法的含义
- 区分元分析法与其他文献综述方法的研究对象
- 列举并解释元分析法所涉及的不同效应量类型
- 选择合适的模型计算平均效应量
- 辨识元分析法的适用范围
- 简述元分析法的实施策略
- 说出元分析法的优势与局限性

14.1　内涵概述

当实证研究结果达到一定丰富程度时，就需要对研究进行统整。元分析（meta-analysis），又称荟萃分析，是对具有相同研究目的的多个独立实证研究结果进行系统、定量、综合分析的一种研究方法，其特点在于依靠实证研究数据来精确反映已有研究设计的有效性（刘志辉等，2016）。它是对传统综述的一种改进方式，具有回顾性、全面性、系统性和定量的特点，可对不同时期、不同研究设计所收集到的资料进行统整。

最早尝试将多项研究的统计结果结合起来的是 Olkin，他引用 Karl Pearson 在 1904 年的工作结果来研究接种疫苗和伤寒之间的关联。在后续的 30～50 年里出现一些整合研究结果的方法（如组合概率），但在 1970 年之前这些方法在社会科学中几乎没有应用案例。直到 20 世纪 70 年代后期，Smith 和 Glass（1977）发表了一项基于 375 项研究的心理治疗有效性的元分析研究，结果表明心理治疗是有效的，且不同类型治疗的有效性差异很小（Card，2012）。这引起研究者们对这一方法的关注，使其在接下来的几年中迅速发展。

已有文献表明首次提出"元分析"这一概念的是美国心理学家 Glass，他将元分析描述为一种定量的分析方法，是对来自个别研究的大量分析结果进行统计分析以整合研究结果，对多个实验结果给予量值总结的数据分析（Glass，1976；Glass，Mcgaw& Smith，1981），亦可理解为是对多项研究做描述性统计的数量累积和分析。元分析还有许多同义词，如定量综合、定量评论、总观评述等（董艳，2020）。后续也有许多研究者将元分析仅看作是对以往研究结果进行定量合并的统计分析方法。但随着元分析理论发展及其应用范围的扩大，研究者逐渐认识到元分析中既有定量分析也有定性分析，因而不再将其简单定义为一种统计分析方式，而是看作一种混合方法研究。

目前，元分析法在社会科学、教育科学和医学科学等领域研究中有着广泛的应用。在化学教育领域，元分析法被应用在不同主题，如科学概念转变研究的有效性（竺丽英等，2020）、游戏化学习与传统教学的对比（蔡丹菊等，2021）、虚拟现实技术对学生科学学习效果的影响（叶欢等，2022）。然而元分析的价值不仅在于它被广泛应用，更重要的是，它代表了一种综合现有实证文献和促进科学进步的强大方法。

在进一步认识什么时候使用以及如何使用元分析法开展研究前，明确一些相关概念是非常有必要的。本节后续部分将围绕元分析法的研究对象、研究结果和模型选择三方面进行简单介绍，对元分析中的其他内容（如计算原理、出版偏误、软件实操）感兴趣的读者可在章末的【拓展阅读】栏目中找到相关资料。

14.1.1　元分析法的研究对象

如前所述，元分析是对已有研究中的研究数据进行统计分析，这与"一次分析"（primary analysis）、"二次分析"（secondary analysis）不同。一次分析指的是我们通常认为的数据分析，即研究人员针对特定课题从个人、学校等收集数据，并加工处理和发表结果以回答研究问题。二次分析是指不同领域的研究者在特定课题范围内采取不同技法、从不同角度对这些数据进行重新分析，据此回答不同研究问题或以不同方式回答研究问题。这种二次分析可以由原始研究人员进行，也可以由其他能从研究人员处获得原始数据的研究者进行。一次和二次数据分析都需要使用研究所收集的完整原始数据（Card，2012）。

元分析对多个研究结果进行统计分析，是以研究结果为分析单元的，并将研究结果转化为效应量的形式进行建模统计分析（详见 14.1.2 部分）。一般来说，计算不同分析单元的效应量不需要获得研究的原始数据，可根据原始、一次或二次分析的研究论文中所报道的数据来计算效应量。此外，分析单元的数量仅受相关研究可用性的限制，可以少至两个，多达数百个或更多（Card，2012）。

14.1.2　元分析法的研究结果

元分析法的研究结果一般以效应量的形式呈现。效应量（effect size，ES）又称效果量，可以反映对正在研究的某些现象的干预、调控效果（Cheung et al.，2016）。

常见的效应量类型有三种（Borenstein et al.，2009；Cheung，2015）。第一种是基于二分变量（dichotomous variable）的结果（如是/否、失败/成功，以及以交叉表的形式表示的发生/未发生的事件数）计算出的胜算比（odd ratio）。第二种类型是平均差（mean difference），可用于表示实验组和对照组之间的干预效果。如果量表是有意义的，例如，量表所测对象为成绩分数，可用一个原始的平均差或非标准化的平均差作为效应量。如果量表的尺度在各个研究之间没有可比性，则需要计算标准平均差（standard mean difference）。对于重复测查的研究，还可根据前测和后测的结果来计算效应量。若能选择合适的效应量类型，则可比较由研究间和研究内结果计算的效应量（Morris et al.，2002）。最后一种效应量类型是相关系数（correlation，r），它可以反映两个变量之间的关联。使用时可以直接用相关系数表示效应量（Schmidt et al.，2015）或者将其通过 Fisher Z 转换为 Z 分数（Hedges et al.，1985），后者的抽样分布近似为正态分布。后两种效应量类型是针对连续变量（continuous variable）的，需要说明的是，研究者需基于研究问题和分析单元的结果选择效应量类型，不同效应量类型（如胜算比、平均差和相关系数）之间是可以转换的（Borenstein et al.，2009），具体转换关系如图 14.1 所示，因此研究者不需要因文献报道的效应量形式的差异而排除研究。

14.1.3　元分析法模型的选择

从不同研究结果即分析单元中得到效应量后，则可整合跨研究的效应量并计算平均效应

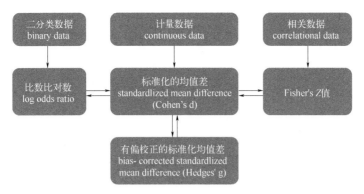

图 14.1　元分析研究常用数据转换

大小及其置信区间，以便得出在这一研究领域关于某种干预效果的结论。具体而言，可以回答两个基本问题：（1）从这类实证文献中发现的效应量大小是多少？（2）从这些研究中得到的效应量的误差是否比预期中单独抽样的误差要大？其中第二个问题的结果对确定第一个问题的结果至关重要，会影响对跨研究的效应量结果差异的解释以及用于计算平均效应量的模型类型的选择。

固定效果模型（fixed-effects model）和随机效果模型（random-effects model）为计算平均效应量提供了两种不同的计算方式，其原理都是分别对样本的效应量值和方差进行估计。然而两种模型对误差的定义不同将对最终的结果产生影响（孔博丹等，2014）。固定效果模型假设所有研究的结果都是真实的结果，所有的研究差异来源于抽样误差，研究样本越多，表示研究结果越精准；随机效果模型则假设真实效果会随着研究的不同而在一定范围内变化，研究误差包含两部分，分别是不同研究的差异（组间方差）和各研究内的抽样误差（组内方差）。

元分析过程中最重要的问题是应该选择哪种模型？这首先取决于研究者希望得到的结论类型。固定效果模型的结论仅限于元分析中包含的研究样本（即"这些研究表明……"类型的结论），而随机效果模型结论更具有一般性（即"研究表明……"类型的结论）。其次，研究者还需要考虑不同研究间的异质性。当有高度异质性时，效应量间的差异无法仅由抽样误差解释。异质性检验又称一致性检验（heterogeneity），其目的是检验各个独立研究结果是否具有可合并性（马志强等，2019）。Higgins 等（2002）则建议将 25％、50％、75％分别表示低度、中度和高度异质性的判断标准。若各研究间无显著异质性差异，则可以采用固定效果模型整合所有效应量，否则需要进一步分析异质性来源，采用随机效果模型进行元分析。最后还可以考虑从两种模型的统计效果角度进行选择，此处不展开介绍，感兴趣的读者可参考本章末的推荐阅读资料。

14.2　适用范围

与其他文献综述方法一样，元分析法关注的核心也是对已有文献研究结果的整合，但一个良好的元分析结果还可以为未来研究方向、方法和实证研究提供参考。元分析法可以回答什么研究问题呢？从综述重点的角度，元分析通常遵循两种方法：整合研究或比较研究。前者可以使用来自不同研究的数据结果来估计效应量或效应量范围，还能以显著性统计检验和置信区间的形式推断平均效应量的估计值；后者可通过调节变量分析评估研究中发现的效应量的异质性是否因编码研究特征而不同，但其前提条件是跨研究的效应量存在异质性（Card，2012）。如果整合研究和比较研究是元分析的"方法"，则还需要考虑元分析的"内容"。整合研究的目的是确定平均效应量，比较研究的目的在于评估效应量与研究特征的关系，两者的共性在于对效应量的关注，因此具体到任何一项元分析研究，都需要考虑是否满足以下条件：

- 研究对象是实证研究而非理论研究
- 实证研究中有量化结果而非质性结果
- 量化结果必须可以转化为某种效应量（大多数文献不会直接呈现效应量结果）
- 分析单元中的研究变量之间的关系符合研究问题
- 有足够的分析单元，原则上至少有两个

符合元分析"方法"和"内容"的一系列研究问题都可以采用元分析法解决。另外，化学教育研究者在使用元分析前，还需要综合考虑自身的哲学立场与统计学背景及元分析软件（如 CMA、R 软件包）的使用熟悉程度等因素。若研究者具备熟练使用元分析软件的能力，那么元分析法确实是个不错的选择。

14. 3 实施策略

本书借鉴 Cooper（2017）对综述研究五个阶段的描述，以概述进行元分析研究的过程和科学原则，主要包括确定研究目的与问题、检索与获取文献、确定标准与评估文献质量、分析和解释文献结果以及呈现综述的结果五个部分，如图 14.2 所示。

首先，任何研究工作的第一步都是确定研究目的与问题。研究者需要明确研究目的，并提出相应的具体研究问题。研究问题可以重点考虑研究者希望回答的问题、感兴趣的概念以及希望得出结论的群体。譬如"我想研究的概念或干预措施是什么？""哪些干预措施是可以衡量这些概念的？""我感兴趣的是哪一方面的结果？"。研究者在围

图 14.2 元分析研究的基本流程

绕这些研究问题开展元分析时，将确定哪些研究证据与感兴趣的问题或假设相关（和不相关），与此同时还需要考虑选择哪种效应量类型表示研究结果。

其次，研究者需要根据研究的具体主题进行文献检索并获得相应的文献，文献检索的具体方法可参考《化学教育文献综述方法指南》（邓峰，2020）。研究者在进行文献检索时，应当注意文献代表性以及出版偏误的问题。文献代表性是指研究者检索的用于元分析的相关文献应当尽量详尽，并具备一定代表性。如果所综述的文献不能代表现存该领域的研究，那么得出的结论将是有偏见的。此外，研究者还需关注出版偏误的问题，即具有负面或不显著影响的研究不太可能发表，进而导致元分析结果产生偏差，因此研究者应该尝试获得未发表的研究（如学位论文）以减少对研究结果的影响。

然后，研究者需要基于一定标准对检索到的文献进行筛选，以获取与综述相适应的文献。文献筛选是指对获得的文献进行评估以确定符合研究目的的文献，确定好文献的排除和纳入标准尤其重要。常见的排除文献的因素有文献研究的对象与综述的相关性（如当研究科学本质教学对学生科学本质观发展影响时，文献调查的是教师的科学本质观，因此将这篇文献排除）、文献内容信息与综述的适应性（如元分析需要科学本质观作为因变量所测查的统计性数据，而文献仅提供访谈数据，与综述不相适应，因此将这篇文献排除）或者文献撰写语言的通用性（如文献内容是用与你或审稿人不熟悉的语言撰写的，因此将这篇文献排除）。在考虑纳入文献标准时，需要注意那些与其他研究具有不同特征的文献。如果将其纳入，这可能会提高综述结论的普遍性，但同时可能会增加研究的异质性或降低可信度。

接着，研究者需要对获得的文献的研究特征和效应量等信息进行编码。编码取决于研究者想从每个分析单元中收集什么信息，并基于此对这些数据进行统计分析与解释。编码时研究者应对所有研究使用一组相同的相关变量，比如出版物类型、学科领域、研究群体和研究持续时间等等。不同于其他文献综述方法，元分析法还需要从每项研究中提取用于计算效应量大小的数据（如平均值、标准偏差、样本大小），对于这些数据的统计分析可以借助一些计算软件（如 Comprehensive Meta-Analysis、SPSS macro、Stata、Mplus）。

最后，研究者依据得到的数据得出相应结论，再以书面的形式呈现综述。研究者需要考虑这些结论是否回应了前文的研究问题、这些结论是否得到数据支持。如果是，则可进一步分析结论的确定性。例如某一结论还可能与不同类型研究的对象人数、干预策略、结果的普遍性或特异性有关。在综述的书面呈现上，研究者应该清晰、完整地描述综述过程，即提供足够的细节以便另一位研究者可以得出相同的结果。

14.4 案例解读

为了更好地理解元分析研究，以下将以笔者撰写的期刊论文《促进"化学键"概念理解的建构式教学效果研究元分析》（邓峰等，2023）为案例，展开具体说明。首先，研究者对"化学键"主题在高中化学的重要地位、教学现状以及国内外建构式教学对促进"化学键"概念理解教学效果进行系统梳理（见图14.3），以归纳出研究空缺，并将其转化为两个研究问题（见图14.4）。

> "化学键"是中学化学的核心知识，在学生的学习和认识发展方面具有重要的教学功能和价值。它可以解释原子形成分子或物质的过程，揭示化学反应的实质，是学生深入认识物质结构与性质关系的重要桥梁，有利于学生形成宏微结合、变化守恒的学科思想。然而，化学键概念涉及微观粒子之间的作用，具有抽象性和复杂性，学生在学习过程中容易产生各种迷思概念。
> ……通过文献检索发现，建构主义教学方法对促进"化学键"概念理解的效果主要存在两种研究结论：（1）与传统教学相比，建构式教学能显著提高学生对"化学键"概念的理解；（2）建构式教学对学生理解"化学键"概念不存在显著性影响。

图 14.3 "化学键"与"化学键"建构式教学文献综述

基于上述讨论，建构式教学对促进"化学键"概念理解效果的影响尚未有定论，故本研究采用元分析方法进行定量、系统分析，尝试回答以下研究问题：（1）建构式教学是否比传统课堂更有利于提高学生对"化学键"的理解？（2）不同的调节变量（如地理位置、班级规模、教学时长等）对促进"化学键"概念理解的教学效果产生何种影响？最后借鉴国内外化学键教学的经验提出几点建议，以期对化学教师实践和化学教育者研究提供有益参考。

图 14.4　研究空缺与研究问题

在明确研究空缺与研究问题后，研究者基于 Glass 等人提出的元分析实施的 4 步流程开展研究（见图 14.5）。

元分析实施的基本流程包括：（1）确定研究主题，收集相关研究文献；（2）对文献研究特征等信息进行编码；（3）计算每个研究结果的效应量大小；（4）调查研究特征对结果效应量大小的调节作用。

图 14.5　元分析研究开展流程

依据该 4 步流程，研究者已确定好研究主题，需要进行文献检索。研究者详细描述了文献检索的过程（见图 14.6）与文献纳入、排除的标准（见图 14.7）。

本研究基于国外Web of Science和EBSCO host（包括Academic Search Premier、ERIC）与国内中国知网（CNKI）和万方数据等核心数据库，以化学键为关键词进行文献检索，检索时间截止至2021年12月20日。由于化学键内涵丰富，本研究将使用与化学键及其分类有关的所有术语作为检索词。具体而言，对于外文文献，检索词是"+"前后每个单词的组合："chemical/covalent/ionic/metallic"+"bond*"，其中在Web of Science数据库以主题词检索并限定于"Education & Educational Research"类别，得到3902篇文献，在EBSCO host数据库以标题词检索得到1897篇文献；对于中文文献，分别以主题词"化学键""共价键""离子键""金属键"并含"高中化学""教学"在中国知网和万方数据库中检索，分别得到文献2138和1045篇。

图 14.6　元分析法文献检索的过程

根据研究问题确定本研究的排除和纳入标准为：（1）发表日期截止至2021年；（2）以中文或英文为写作语言的期刊论文、硕博士论文和会议论文；（3）属于教学效果的实验研究或准实验研究，双组实验需包含实验组和对照组，单组实验需包含前测和后测，排除只进行测查和理论性综述的文献；（4）研究主题包含"化学键"或其子主题"共价键""离子键""金属键"；（5）有明确的建构式教学干预方法或策略；（6）有明确的教学效果评价工具且评价内容仅含有"化学键"；（7）研究结果资料完整，能提供计算效应量的充足数据，如样本数、平均分、标准差、t值等，排除数据不全或不符合的文献。

图 14.7　元分析法文献纳入与排除标准

通过基于纳入与排除标准的文献筛选后，研究者根据研究问题对纳入的文献进行编码，在该过程中研究者重点关注文献作者、出版年份、样本信息、干预信息、评价工具和实验结果等内容（见图 14.8）。

> 对纳入元分析的文献使用同一套特征值编码系统，包括文献作者、出版年份、样本信息（含样本国别、样本容量及年级水平）、干预信息（含干预时长、干预内容及干预策略）、评价工具和实验结果。

图 14.8　文献编码内容

然后，研究者通过 CMA 软件计算出每个分析单元的效应量（采用标准平均差表示），并使用 SPSS 软件进行极端值检验，以确保研究结果的可信度（见图 14.9）。同时，研究者还对效应量进行异质性检验，为选择计算平均效应量的计算模型提供参考（见图 14.10）。

利用 SPSS 25.0 绘制箱图剔除极端值，见图 2。图中 A18、A20 两个研究的效应量超过 +3ES 范围应剔除[18]，剔除后对剩下 25 个效应量再次绘制箱图（见图 3），没有新的极端值存在。因此在整合分析时保留 25 个效应量，被试人数共 2039 人（包含实验组和对照组）。

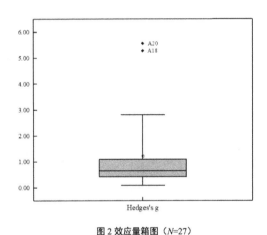

图 2 效应量箱图（N=27）　　　　图 3 剔除极端值后效应量箱图（N=25）
Fig.2 Boxplot of the effect size　　　　Fig.3 Boxplot of the effect size without outliers

图 14.9　效应量极端值检验

表 2 总效应量与异质性检验
Table2 The overall effect size and heterogeneity

模型	研究数量	效应量	标准误差	方差	95%置信区间 下限	95%置信区间 上限	Z值	异质性检验 Q	异质性检验 $df(Q)$	异质性检验 p	异质性检验 I^2
固定效应模型	25	0.72	0.04	0.002	0.63	0.81	16.24**	175.59	24	0.000	86.33
随机效应模型	25	0.85	0.12	0.015	0.61	1.09	6.93**				

注：**表示 $p < 0.001$。

图 14.10　异质性检验

根据平均效应量统计的结果，研究者回答了研究问题1（见图14.11），并对"效应量异质性程度高"这一结果继续进行调节变量分析，以探讨"样本容量""地理位置"等编码特征对效应量的影响，回答了研究问题2（见图14.12）。

由图3可知，所有研究整体效应结果支持建构式教学更利于提高学生对"化学键"概念理解，但只有20个效应量大小具有统计学意义。其中23个短期平均效应量和2个长期平均效应量分别为0.88和0.53，均超过大效应水平且具有统计意义。……各项研究的基本特征结果显示建构式教学对促进学生"化学键"概念理解的效果显著。

图 14.11　平均效应量统计结果

表 3 调节变量对"化学键"建构式教学效果的影响

Table3 Effects of moderators on the "chemical bonding" constructive teaching effect

调节变量		研究数量	效应量	标准误差	方差	95%置信区间		Z值	Q检验 [a]
						下限	上限		
样本容量	大(≥50人)	9	0.54	0.09	0.008	0.36	0.71	5.97**	5.76
	小(<50人)	16	1.07	0.20	0.041	0.67	1.47	5.28**	($p = 0.016$*)
教学时长	长(>1周)	11	1.06	0.26	0.067	0.55	1.56	4.08**	32.80
	短(≤1周)	13	0.62	0.08	0.007	0.45	0.78	7.47**	($p < 0.001$)
地理位置	国内	11	0.51	0.06	0.003	0.40	0.63	8.75**	7.29
	国外	14	1.16	0.23	0.053	0.70	1.61	5.01**	($p = 0.007$**)

图 14.12　调节变量对"化学键"建构式教学效果的影响

最后，研究者还考虑出版偏误对研究结果的影响，分别采用漏斗图法、Classic Fail-safe N法和 Trim and Fill法对效应量结果进行检验和校正，进一步确保研究结果的科学性（见图14.13）。

为保证研究结果的科学性，本文首先通过漏斗图评估研究文献的发表偏倚，结果见图4。图中的横坐标是 $Hedges's\ g$，纵坐标是标准误差，大部分研究处于漏斗图的中上部，且均匀分布在平均效应量两侧，仅有少数研究分散在漏斗图外的右侧，说明本研究存在发表偏倚可能性较小。Classic Fail-safe N检验结果表明需要增加1911项"化学键"建构式教学研究才能使已发表研究的总效应量变为不显著水平，远大于$5k+10$（k为纳入研究个数，在本研究中为25）的标准，说明未发表研究的效应量对本研究的元分析有效性影响很小。为检验漏斗图右侧的少数研究对元分析的发表偏倚的影响大小，本研究采用Trim and Fill法进行敏感度分析。

图 14.13　定量研究案例中测量工具的选择

14.5　优势局限

元分析法主要有以下优势。（1）增强统计学功效，采用大规模的实验研究需消耗较多的时间和精力，而如果样本量较小则难以得到统计学上的显著差异。元分析法通过合并不同研究结果，可以增大研究数量，从而达到提高统计学检验功效的目的（刘电芝，2011）。同时，通过随时补充实证数据提高研究结果的时效性，总体上提高了论证强度。（2）强调客观分析，元分析法有一定的"量化程序"，将研究特征对研究结果的影响以通用的定量形式呈现，使研究结果之间可以整合或比较，避免研究者非正式地、主观地对结果进行衡量。（3）提高结论精确性，元分析关注的不是单个研究的统计显著性，而是大量研究的效应量大小，且各研究的效应量可进行比较。除了平均效应量，研究者还可以估计效应量的异质性，以表明各研究之间效果的一致性情况，并使用研究水平特征作为调节变量，来解释效应量的一些变化，使研究结果更具有实际意义，可推广于更多人群。

但是，元分析法也存在一些局限性。（1）对研究设计要求较高，元分析是针对一系列具有相同目的的研究的整合，一方面要求纳入元分析研究的文献在一定程度上具有一致性，另一方面需要保证分析单元的数量足以得出可靠的结论。（2）结果易受到研究文献的限制，元分析被称为"研究的研究"，研究文献所报道结果的翔实程度、研究设计的规范性会影响元分析结果的可靠性。（3）缺乏对偶然情况的关照，与其他定量方法一样，元分析法更多关注文献的研究结果，而忽略研究假设/问题中涉及的变量之外的现象，或是一些无法量化的问题。然而元分析法的缺陷并不意味着方法存在不足，这些局限性提供了评估研究可信度的准绳，需要进行改善的应当是研究的实施过程（Cooper，2017）。

 要点总结

元分析是对具有相同研究目的的多个独立研究结果进行系统、定量、综合分析的一种研究方法，其特点在于依靠实证研究数据来精确反映已有研究设计的有效性。

元分析法的研究对象是文献的研究结果，因此又被称为"研究的研究"，这与一次分析、二次分析的研究对象不同。

元分析的结果一般以效应量的形式呈现，常见的效应量类型有三种，分别是胜算比、平均差和相关系数。可以根据文献研究结果数据类型进行选择，不同效应量类型之间可以相互转化。

元分析法中计算平均效应量时可以选择固定效果模型或随机效果模型，这取决于研究者希望得到的结论类型和不同研究的异质性程度。

元分析法是一种文献综述的方法，可以用于文献整合研究或比较研究。元分析研究需要满足5点条件：研究对象是实证研究而非理论研究；实证研究中有量化结果而非质性结果；量化结果必须可以转化为可相容的效应量；分析单元中的研究变量之间的关系符合研究问题；足够的分析单元。

一般而言，元分析法的实施流程大致包含五个阶段。研究者首先需要提出研究问题，接着基于此进行文献检索并尽可能获取文献；接着，确定文献纳入和排除标准对获得的文献进行筛选；然后根据研究目的对文献的研究特征和效应量等信息进行编码，并通过元分析软件进行数据统计与分析，并解释文献结果；最后根据研究结果回答研究问题并以书面形式呈现整个文献综述。

元分析法的主要优势包括系统性、客观性、可推广性等。然而，它也存在某些局限性，如对研究设计要求较高，结果易受到研究文献的限制，缺乏对偶然情况的关照。

 问题任务

请简述你对元分析法的理解，并与一次分析和二次分析进行对比。

举例说明化学教育研究领域有哪些研究问题可以对应使用不同类型的效应量，并与同伴讨论。

尝试分析影响多个研究的平均效应量的因素，并与同伴讨论其与量化研究原理的关系。

在元分析研究实践中，你认为可通过哪些途径尽可能克服元分析法自身的局限性？

任选一篇化学教育领域的元分析研究论文，结合理论实施流程分析该论文中的设计方案，并与同伴讨论。

请在导师的指导下，同时结合你自己的研究兴趣，拟定一个研究主题，然后尝试基于元分析实施流程，初步完成一个元分析研究的设计方案。

 拓展阅读

Cooper H，Hedges L V，Valentine C J. The handbook of research synthesis and meta-analysis[M]. New York：Russell Sage Foundation，2019.（理论与方法）

Borenstein M，Hedges L V，Higgins J P T，et al. Introduction to meta-analysis[M]. Hoboken：John Wiley & Sons.，2021.（元分析法理论原理）

Cooper H. Research synthesis and meta-analysis：a step-by-step approach[M]. Thousand Oaks，CA：Sage Publications，2015.（元分析法理论原理）

竺丽英，王祖浩.科学概念转变教学的效果论证——基于元分析的国际比较视角[J]. 化学教育（中英文），2020，41(07)：44-50.（元分析法的具体应用）

蔡丹菊，钱扬义，李林燊.游戏化学习能促进化学学业成就吗——对国内外 32 项化学游戏化学习研究的元分析[J]. 化学教育（中英文），2021，42(09)：59-66.（元分析法的具体应用）

元分析法软件 CMA 及使用手册.

中文参考文献

[1] 毕华林，万延岚. 化学教学中教师使用教科书的影响因素分析——基于扎根理论的研究方法[J]. 化学教育，2013，34(10)：47-51.

[2] 蔡丹菊，钱扬义，李林燊. 游戏化学习能促进化学学业成就吗——对国内外 32 项化学游戏化学习研究的元分析[J]. 化学教育(中英文)，2021，42(09)：59-66.

[3] 蔡丰. 高中化学教师优质课模型教学行为特征研究[D]. 武汉：华中师范大学，2019.

[4] 车宇艺. 不同化学学习情境下高中生科学本质观的差异研究[D]. 广州：华南师范大学，2017.

[5] 陈静. 基于 STEAM 教育理念的高中化学教学设计的行动研究——以"制作手工皂"为例[D]. 信阳：信阳师范学院，2021.

[6] 陈俊浩，顾容，李春霞. 准实验研究在教育技术领域的应用[J]. 现代教育技术，2009，19(12)：31-34.

[7] 陈灵灵，邓峰. 化学师范生 TPACK 影响因素的质性研究[J]. 化学教育，2020，41(12)：60-65.

[8] 陈平辉，王一定，刘艳玲，等. 教育科学研究方法[M]. 南昌：江西高校出版社，2018.

[9] 陈向明，王富伟. 高等学校辅导员双线晋升悖论——一项基于扎根理论的研究[J]. 教育研究，2021，42(02)：80-96.

[10] 陈向明. 教育研究方法[M]. 北京：教育科学出版社，2013.

[11] 陈向明. 扎根理论在中国教育研究中的运用探索[J]. 北京大学教育评论，2015，13(01)：2-15+188.

[12] 陈向明. 质的研究方法与社会科学研究[M]. 北京：教育科学出版社，2000.

[13] 陈秀珍，王玉江，张道祥. 教育研究方法[M]. 济南：山东人民出版社，2014.

[14] 邓峰，陈泳蓉. 促进"化学键"概念理解的建构式教学效果研究元分析[J]. 化学教育，2023，44(13)：107～114.

[15] 邓峰，吴宇豪，窦炳新，董亚楠. 基于 ISM 法的中学化学教材分析——以"化学反应类型"核心概念为例[J]. 化学教学，2023(03)：10-14+97.

[16] 邓峰. 化学教育文献综述方法指南[M]. 北京：科学出版社，2020.

[17] [美]邓津，林肯. 质性研究手册[M]. 朱志勇，等译. 重庆：重庆大学出版社，2007.

[18] 丁小婷. 基于专家型教师视角的化学学科核心素养研究[D]. 南京：南京师范大学，2017.

[19] 董艳. 科学教育研究方法[M]. 北京：中国科学技术出版社，2020.

[20] 段训起. 高中化学教师 PCK 及其影响因素的定量研究[D]. 广州：华南师范大学，2020.

[21] 范雪媛. 关于提高"化合价"教学效果的行动研究[J]. 中学化学教学参考，2018(6)：38-40.

[22] 风笑天. 社会研究方法[M]. 北京：中国人民大学出版社，2018.

[23] 冯生尧，谢瑶妮. 扎根理论：一种新颖的质化研究方法[J]. 现代教育论丛，2001(06)：51-53.

[24] 高俊明. 初中化学教师课堂提问有效性的表征及应用研究[D]. 长春：东北师范大学，2018.

[25] 管群. 苏教版"化学反应速率"教学设计[J]. 化学教学，2007(11)：42-44.

[26] 管幸生，阮绿茵，王明堂. 设计研究方法[M]. 台北：全华图书股份有限公司，2009.

[27] 韩峰，蒋道明. 让化学充满"绿色"——高中化学教学中渗透绿色化学教育理念的行动研究[J]. 化学教学，2009(12)：21-23.

[28] 洪小良. 社会调查研究原理与方法[M]. 北京：华文出版社，1998.

[29]　侯怀银. 教育研究方法[M]. 北京：高等教育出版社，2009.

[30]　胡虹. 高中生化学概念深度学习研究[D]. 太原：山西师范大学，2019.

[31]　胡中锋. 教育科学研究方法[M]. 北京：中国人民大学出版社，2018.

[32]　皇甫倩，王后雄. 基于结构解释模型的高中化学教材分析[J]. 化学教学，2013(02)：8-10.

[33]　黄梅. 化学教育研究方法[M]. 北京：科学出版社，2018.

[34]　贾旭东，谭新辉. 经典扎根理论及其精神对中国管理研究的现实价值[J]. 管理学报，2010，7
(05)：656-665.

[35]　金哲华，俞爱宗. 教育科学研究方法[M]. 北京：科学教育出版社，2011.

[36]　柯乐乐. 准实验法在教育研究领域的应用状况分析[J]. 重庆高教研究，2016，4(03)：50-55.

[37]　孔博丹，许惠芳，孔博鉴. 元分析常见问题及解决方法[J]. 心理技术与应用，2014(01)：19-22＋25.

[38]　李方. 现代教育研究方法[M]. 6版. 广州：广东高等教育出版社，2016.

[39]　李刚，王红蕾. 混合方法研究的方法论与实践尝试：共识、争议与反思[J]. 华东师范大学学报（教育科学版），2016，36(4)：98-105.

[40]　李广平，杨玉宝. 教育科研方法[M]. 长春：东北师范大学出版社，2005.

[41]　李浩泉，陈元. 教育研究方法[M]. 成都：西南交通大学出版社，2018.

[42]　李苏贵，葛彦君，宋怡. 基于内容分析法的美国《科学探索者・化学反应》教材分析[J]. 科学大众
（科学教育），2020(01)：13-14.

[43]　李艳灵，段婷娟，刘敬华. 基于扎根理论的化学师范生顶岗实习实践性知识发展研究[J]. 化学教育（中英文），2019，40(20)：53-58.

[44]　李西亭，邹芳. 行动研究法和教育[J]. 上海师范大学学报，1995(1)：110-116.

[45]　李长吉，金丹萍. 个案研究法研究述评[J]. 常州工学院学报（社科版），2011，29(06)：107-111.

[46]　梁永平，张奎明. 教育研究方法[M]. 济南：山东人民出版社，2008.

[47]　林聚任. 社会科学研究方法[M]. 济南：山东人民出版社，2004.

[48]　林佩璇. 个案研究及其在教育研究上的应用[M]//中正大学教育学研究所，主编. 质的研究方法.
高雄：丽文文化事业机构，2000.

[49]　林泽坤. 新手化学教师 PCK 调查研究——以"硫酸铜晶体制备条件优化的探究"实验主题为例
[D]. 广州：华南师范大学，2022.

[50]　刘德磊，武晓静. 问卷调查法的创新探索[J]. 创新创业理论研究与实践，2018，1(20)：96-98.

[51]　刘电芝. 教育与心理研究方法[M]. 合肥：安徽教育出版社，2011.

[52]　刘丽娟. 奥苏贝尔有意义学习理论及对当今教学的启示[J]. 南方论刊，2009(05)：100-101.

[53]　刘良华. 行动研究的史与思[D]. 上海：华东师范大学，2001.

[54]　刘淑杰. 教育研究方法[M]. 北京：北京大学出版社，2016.

[55]　刘毅. 个案研究法及其在心理学中的发展[J]. 上海教育科研，2002(07)：41-43.

[56]　刘英，李洁，宋霞. 教育科学研究方法[M]. 北京：中国工商出版社，2013.

[57]　刘志辉，李文绚. 元分析方法研究综述[J]. 情报工程，2016，3(6)：31-38.

[58]　卢家楣. 教育科学研究方法[M]. 上海：上海教育出版社，2012.

[59]　卢崴诩. "理论抽样问题"与扎根理论方法解析[J]. 学理论，2015(34)：113-116.

[60]　陆益龙. 定性研究方法[M]. 北京：中国人民大学出版社，2022.

[61]　罗伯特・F・德威利斯. 量表编制：理论与应用[M]. 席仲恩，杜珏译. 重庆：重庆大学出版社，
2016.

［62］ 罗鸿伟，邓峰．职前化学教师"科学探究教学"PCK调查研究［J］．化学教育，2020，41(20)：64-69．

［63］ 罗鸿伟．化学教师PCK主题专属性的质性研究——以一名经验型教师为例［D］．广州：华南师范大学，2019．

［64］ 罗颖．高中生化学反应原理问题解决策略培养的实验研究［D］．武汉：华中师范大学，2018．

［65］ 马志强，刘亚琴．从项目式学习与配对编程到跨学科综合设计——基于2006-2019年国际K-12计算思维研究的元分析［J］．远程教育杂志，2019，37(05)：75-84．

［66］ 孟庆茂．教育科学研究方法［M］．北京：中国广播电视大学出版社，2013．

［67］ 孟亚玲，魏继宗．教育科学研究方法［M］．北京：清华大学出版社，2017．

［68］ 潘慧玲．教育研究的取经：概念与应用［M］．上海：华东师范大学出版社，2005．

［69］ 齐梅．教育研究方法［M］．北京：北京师范大学出版社，2017．

［70］ 乔敏．元素化合物教学设计的行动研究——"氮气和氮的固定"的教学设计探索［J］．化学教育，2006(1)：30-33．

［71］ 史润泽，李永刚，康晓凤．评分者信度测量在护理研究中的应用［J］．护理学杂志，2017，32(19)：110-113．

［72］ 孙晓娥．扎根理论在深度访谈研究中的实例探析［J］．西安交通大学学报(社会科学版)，2011，31(06)：87-92．

［73］ 陶文中．行动研究法的理念［J］．教育科学研究，1997(6)：42-44．

［74］ 汪晓飞．化学合作学习策略的行动研究［J］．化学教学，2008(1)：28-29．

［75］ 王安全，刘飞．中小学教师教育行动研究中的问题及其消解［J］．教育科学研究，2013(4)：73-77．

［76］ 王海宁．心理学理论建构的新方法——扎根理论［D］．长春：吉林大学，2008．

［77］ 王西宇．化学教师学科基本观念的实证研究［D］．广州：华南师范大学，2021．

［78］ 王晓华，郭良文．传播学研究方法［M］．北京：高等教育出版社，2022．

［79］ 王雪丽．基于ISM法的高中物理教材结构的比较分析——以人教版和鲁科版高中物理《必修3》为例［D］．济南：山东师范大学，2022．

［80］ 韦小满，蔡雅娟．特殊儿童心理评估［M］．北京：华夏出版社，2016．

［81］ 吴继霞，何雯静．扎根理论的方法论意涵、建构与融合［J］．苏州大学学报(教育科学版)，2019，7(01)：35-49．

［82］ 吴来泳，邓峰．基于元素观的人教版初高中化学教材分析［J］．化学教学，2022(12)：9-16．

［83］ 吴肃然，李名荟．扎根理论的历史与逻辑［J］．社会学研究，2020，35(02)：75-98＋243．

［84］ 吴肃然，闫誉腾，宋春晖．反思定性研究的困境——基于研究方法教育的分析［J］．中国社会科学评价，2018，16(04)：21-30＋124．

［85］ 吴微，邓峰，伍春雨，王西宇．高一学生"氧化还原反应"观念结构的调查研究［J］．化学教学，2020，42(5)：29-34．

［86］ 吴毅，吴刚，马颂歌．扎根理论的起源、流派与应用方法述评——基于工作场所学习的案例分析［J］．远程教育杂志，2016，35(03)：32-41．

［87］ 伍春雨，邓峰，吴微，符美珍．化学师范生变化观及其教学认识的调查研究［J］．化学教育(中英文)，2020，41(10)：83-89．

［88］ 夏青，闫淑敏，张煜良，何江．高校科研人员科研激情的影响因素研究——基于扎根理论方法的探究［J］．科学学与科学技术管理，2022，43(06)：123-144．

［89］ 邢志强．教育学文献引用《教育研究》论文的统计分析［J］．教育研究，2001(01)：66-70．

[90] 徐红. 教育科学研究方法[M]. 武汉：华中科技大学出版社，2013：118-123.

[91] 闫倩楠，肖淳尹. 问卷调查方法研究分析[J]. 当代教育实践与教学研究（电子刊），2016(11)：530.

[92] 杨娟. 高中化学教师模型教学信念现状研究[D]. 武汉：华中师范大学，2020.

[93] 杨威. 访谈法解析[J]. 齐齐哈尔大学学报（哲学社会科学版），2001(04)：114-117.

[94] 杨小微. 教育研究方法[M]. 北京：人民教育出版社，2010.

[95] 杨晓萍. 教育科学研究方法[M]. 重庆：西南大学出版社，2006.

[96] 杨延宁. 应用语言学研究的质性研究方法[M]. 北京：商务印书馆，2014.

[97] 杨玉雪. 高考新政下化学学科选考现状的分析与应对策略研究[D]. 聊城：聊城大学，2022.

[98] 姚冬琳. 内容分析法在教科书研究中的应用[J]. 现代教育科学，2011(04)：45-47.

[99] 叶欢，占小红. 虚拟现实技术对中学生科学学习效果的影响研究——基于16篇实验研究论文的元分析[J]. 化学教学，2022，426(09)：29-34.

[100] 尹超. 扎根理论的内涵、特点及其在教育研究中的应用[J]. 现代教育论丛，2016(05)：13-17.

[101] 袁桂林，孙彩平. 行动研究法及其在教育科研中的应用[J]. 教育科研：现代中小学教育，1997(2)：50-52.

[102] 连顺珊. 基于"素养为本"高中化学课堂教学设计研究[D]. 武汉：华中师范大学，2019.

[103] 张宝臣，李兰芳. 学前教育科学研究方法[M]. 上海：复旦大学出版社，2012.

[104] 张莉，王晓斌. 教育研究方法专题[M]. 北京：教育科学出版社，2018.

[105] 张梦中，马克·霍哲. 案例研究方法论[J]. 中国行政管理，2002(1)：43-46.

[106] 张敏强. 教育与心理统计学[M]. 北京：人民教育出版社，2019.

[107] 张其智，王剑兰. 教育科学研究法[M]. 北京：北京师范大学出版社，2015.

[108] 张启睿，边玉芳. 小学生汉字学习的思维过程：基于口语报告的证据[J]. 华南师范大学学报（社会科学版），2020(01)：92-102.

[109] 张笑言，郑长龙. 化学教学内容的学科理解研究——以"醛的结构与性质探究"为例[J]. 化学教育（中英文），2020，41(17)：54-59.

[110] 张彦，刘长喜，吴淑凤. 社会研究方法（第3版）[M]. 上海：上海财经大学出版社，2019.

[111] 赵鑫. 化学学科核心素养"证据推理与模型认知"指标体系的构建与应用研究[D]. 太原：山西师范大学，2021.

[112] 钟柏昌，李艺. 行动研究应用中的常见误区——基于过去6年教育类核心期刊论文的评述[J]. 现代远程教育研究，2012(5)：31-35.

[113] 钟媚，邓峰，陈灵灵，等. 化学职前教师PCK的结构与水平研究[J]. 化学教育（中英文），2019，40(24)：58-64.

[114] 朱德全. 教育研究方法[M]. 重庆：重庆出版社，2006.

[115] 竺丽英，王祖浩，全微雷. 高中生新高考科目选择行为的影响因素分析——基于NVivo的质性分析[J]. 中国考试，2019，(05)：19-27.

[116] 竺丽英，王祖浩. 科学概念转变教学的效果论证——基于元分析的国际比较视角[J]. 化学教育（中英文），2020，41(07)：44-50.

英文参考文献

[1]   Becker H S. Generalizing from case studies[M]//Eisner E W, Peshkin A. Qualitative inquiry in education: The continuing debate. New York: Teachers College Press, 1990.

[2]   Berelson B. Content analysis in communication research[M]. Glencoe: Free Press, 1952.

[3]   Bergman M M. On concepts and paradigms in mixed methods research[J]. Journal of Mixed Methods Research, 2010, 4(3): 171-175.

[4]   Bogdan R, Biklen S K. Qualitative research for education: An introduction to theory and methods [M]. 2nd Ed. Boston: Allyn & Bacon, 1992.

[5]   Borenstein M, Hedges L V, Higgins J P T, Rothstein H R. Introduction to meta-analysis[M]. Hoboken: John Wiley & Sons, 2009.

[6]   Burke Johnson R., Christensen L B. Educational research: Quantitative, qualitative, and mixed approaches[M]. 6th Ed. Sage Publications, 2016.

[7]   Campbell D T, Stanley J C. Experimental and quasi-experimental designs for research[M]. Chicago, IL: Rand McNally, 1963.

[8]   Card N A. Applied meta-analysis for social science research[M]. New York, NY: Guilford Publications, 2012.

[9]   Cheung M W L, Vijayakumar R. A guide to conducting a meta-analysis[J]. Neuropsychology review, 2016, 26: 121-128.

[10] Cheung M W L. Meta-analysis: A structural equation modeling approach[M]. Chichester, West Sussex: John Wiley & Sons, 2015.

[11] Christensen L B, Johnson R B, Turner L A. Research methods, design, and analysis[M]. Pearson Education, 2009.

[12] Campbell D T, Cook T D. Quasi-experimentation[M]. Chicago, IL: Rand Mc-Nally, 1979.

[13] Cook T D, Campbell D T, Shadish W. Experimental and quasi-experimental designs for generalized causal inference[M]. Boston, MA: Houghton Mifflin, 2002.

[14] Cooper H. Research synthesis and meta-analysis: A step-by-step approach[M]. 5th Ed. Thousand Oaks, CA: Sage Publications, 2017.

[15] Creswell J W. Research design: Qualitative, quantitative, and mixed methods approaches[M]. 2nd Ed. Thousand Oaks, CA: Sage Publications, 2003.

[16] Creswell J W, Clark V L P. Designing and conducting mixed methods research[M]. Thousand Oaks, CA: Sage Publications, 2007.

[17] Creswell J W, Clark V L P. Designing and conducting mixed methods research[M]. 2nd Ed. Thousand Oaks, CA: Sage Publications, 2011.

[18] Creswell J W, Clark V L P. Designing and conducting mixed methods research[M]. 3rd Ed. Thousand Oaks, CA: Sage Publications, 2018.

[19] Crotty M J. The foundations of social research: Meaning and perspective in the research process [M]. London: Sage Publications, 1998.

[20] Deng F, Chai C S, So H J, Qian Y Y, Chen L L. Examining the validity of the technological pedagogical content knowledge (TPACK) framework for preservice chemistry teachers [J]. Australasian Journal of Educational Technology, 2017, 33(3): 1-14.

[21] Deng F, Chen W, Chai C S, Qian Y Y. Constructivist-oriented data-logging activities in chinese chemistry classroom: Enhancing students' conceptual understanding and their metacognition[J]. Asia-Pacific Education Researcher, 2011, 20(2): 207-221.

[22] Edgington E S. Review of the discovery of grounded theory: Strategies for qualitative research[J]. Canadian Psychologist, 1967, 8a(4): 360-360.

[23] Eisner E W. The enlightened eye: Qualitative inquiry and the enhancement of educational practice [M]. New York: Macmillan, 1991.

[24] Elliot J. Action research for educational change[M]. Milton Keynes: Open University Press, 1991.

[25] Firestone W A. Alternative arguments for generalizing from data as applied to qualitative research [J]. Educational Researcher, 1993, 22(4): 16-23.

[26] Flick U. An introduction to qualitative research[M]. 3rd Ed. London: Sage Publications, 2006.

[27] Flick U. Managing quality in qualitative research[M] London: Sage Publications, 2007.

[28] Glass G V. Primary, secondary, and meta-analysis of research[J]. Educational Researcher, 1976, 5(10): 3-8.

[29] Glass G V, Mcgaw B, Smith M L. Meta-analysis in social research [J]. London: Sage Publications, 1981.

[30] Goetz J P, LeCompte M D. Ethnography and qualitative design in educational research[M]. New York: Academic Press, 1984.

[31] Greene J C. Mixed methods in social inquiry[M]. Hoboken: John Wiley & Sons, 2007.

[32] Greene J C, Caracelli V J, Graham W F. Toward a conceptual framework for mixed-method evaluation designs[J]. Educational Evaluation and Policy Analysis, 1989, 11(3): 255-274.

[33] Guba E G, Lincoln Y S. Effective evaluation: Improving the usefulness of evaluation results through responsive and naturalistic approaches[M]. San Francisco, CA: Jossey-Bass, 1981.

[34] Hedges L V, Olkin I. Statistical Methods for Meta-Analysis[J]. New York: Academic Press, 1985.

[35] Hesse-Biber S N. Mixed methods research: Merging theory with practice[M]. New York, NY: Guilford Press, 2010.

[36] Higgins J P T, Thompson S G. Quantifying heterogeneity in a meta - analysis[J]. Statistics in Medicine, 2002, 21(11): 1539-1558.

[37] Johnson R B, Christensen L. Educational research: Quantitative, qualitative, and mixed approaches[M]. 6th Ed. Thousand Oaks, CA: Sage Publications, 2016.

[38] Johnson R B, Onwuegbuzie A J, Turner L A. Toward a definition of mixed methods research[J]. Journal of Mixed Methods Research, 2007, 1(2): 112-133.

[39] Kemmis S, McTaggart R, Nixon R. The action research planner: Doing critical participatory action research[M]. 3rd Ed. Sydney: UNSW Press, 1988.

[40] Kirk J, Miller M L. Reliability and validity in qualitative research [M]. Newbury Park: Sage

Publications，1986.

[41] LeCompte M D，Goetz J P. Problems of reliability and validity in ethnographic research[J]. Review of Educational Research，1982，52(1)：31-60.

[42] Lewin K. Action research and minority problems[J]. Journal of Social Issues，1946，2(4)：34-46.

[43] Lincoln Y S，Guba E G. Naturalistic inquiry[M]. Beverly Hills：Sage Publications，1985.

[44] Mertens D M. Transformative research and evaluation[M]. New York，NY：Guilford press，2008.

[45] Miles M B，Huberman A M. Qualitative data analysis：An expanded sourcebook[M]. Thousand Oaks，CA：Sage Publications，1994.

[46] Morris S B，DeShon R P. Combining effect size estimates in meta-analysis with repeated measures and independent-groups designs[J]. Psychological Methods，2002，7(1)：105.

[47] Morse J M. Designing funded qualitative research[M]. Thousand Oaks，CA：Sage Publication，1994.

[48] Morse J M. Mixed method design：Principles and procedures[M]. Walnut Creek，CA：Left Coast Press，2009.

[49] Nielsen J M. Feminist research methods：Exemplary readings in the social sciences[M]. Boulder，CO：Westview，1990.

[50] O'Cathain A. Assessing the quality of mixed methods research：Toward a comprehensive framework[M]// Tashakkori A，Teddlie C. Handbook of mixed methods in social and behavioral research. Los Angeles，CA：Sage Publications，2010：220-235.

[51] Onwuegbuzie A J，Johnson R B. The validity issue in mixed research[J]. Research in the Schools，2006，13(1)：48-63.

[52] Patton M Q. Qualitative evaluation and research methods [M]. Newbury Park，CA：Sage Publications，1990.

[53] Phillips D C，Burbules N C. Postpositivism and educational research[M]. Lanham，MD：Rowman & Littlefield，2000.

[54] Pring R. The 'false dualism' of educational research[J]. Journal of Philosophy of Education，2000，34(2)：247-260.

[55] Rossman G B，Wilson B L. Numbers and words：Combining quantitative and qualitative methods in a single large-scale evaluation study[J]. Evaluation Review，1985，9(5)：627-643.

[56] Schmidt F L，Hunter J E. Methods of meta-analysis：Correcting error and bias in research findings [M]. 3rd Ed. Thousand Oaks，CA：Sage Publications，2015.

[57] Smith M L，Glass，G V. Meta-analysis of psychotherapy outcome studies [J]. American Psychologist，1977，32(9)：752-760.

[58] Stake R E. The art of case study research[M]. Thousand Oaks，CA：Sage Publications：1995.

[59] Strauss A L. Qualitative analysis for social scientists[M]. Cambridge university press，1987.

[60] Strauss A，Corbin J. Basics of qualitative research：Grounded theory procedures and techniques [M]. Newbury Park，CA：Sage Publication，1990.

[61] Strauss A，Corbin J. Basics of qualitative research techniques[M]. 2nd Ed. Newbury Park，CA：Sage Publications，1998.

[62] Tashakkori A，Teddlie C. Mixed methodology：Combining qualitative and quantitative approaches

[M]. Thousand Oaks，CA：Sage Publications，1998.

［63］ Tashakkori A，Teddlie C. Issues and dilemmas in teaching research methods courses in social and behavioural sciences：us perspective［J］. International Journal of Social Research Methodology，2003，6(1)：61-77.

［64］ Tashakkori A，Teddlie C. Handbook of mixed methods in social & behavioral research［M］. Thousand Oaks，CA：Sage Publications，2021.

［65］ Teddlie C，Tashakkori A. A general typology of research designs featuring mixed methods［J］. Research in the Schools，2006，13(1)：12-28.

［66］ Tesch R. Qualitative research：Analysis types & software tools［M］. New York，NY：The Falmer Press，1990.